测量被毛长度

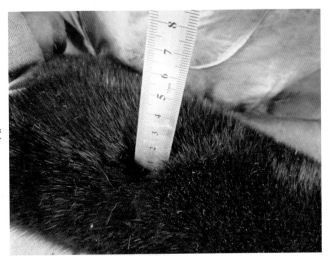

称　重

体长测量

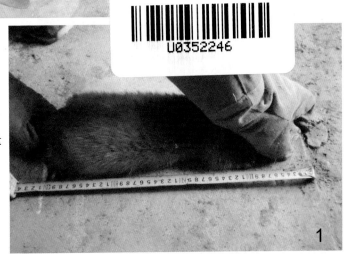

U0352246

饲料加工室

大型水貂饲料
加工设备

喂食车

工作人员操作
喂食车喂食

水貂在吃料

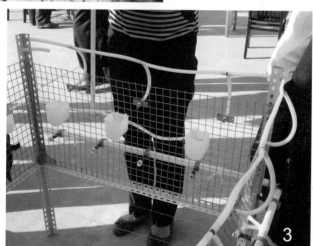

自动饮水器

黑十字水貂

红眼白貂

珍珠色水貂

银蓝色水貂

怎样办好养貂场

马泽芳 崔 凯 编著

金盾出版社

内 容 提 要

本书详细介绍了办好水貂养殖场、提高水貂养殖效益应注意的主要环节。内容包括:水貂品种与引种技术,水貂养殖场建设,水貂常用饲料,水貂繁育技术,水貂各生产时期饲养管理技术,水貂生皮加工技术,水貂疫病防治,水貂养殖场的经营管理。内容丰富实用,文字通俗易懂,适合水貂养殖专业户、养殖场负责人及技术人员阅读使用,也适合农业技术人员及农林院校相关专业师生参考。

图书在版编目(CIP)数据

怎样办好养貂场 /马泽芳,崔凯编著. —北京:金盾出版社,2013.3(2014.6 重印)

ISBN 978-7-5082-7881-0

Ⅰ.①怎… Ⅱ.①马…②崔… Ⅲ.①水貂—饲养管理 Ⅳ.①S865.2

中国版本图书馆 CIP 数据核字(2012)第 222246 号

金盾出版社出版、总发行

北京太平路 5 号(地铁万寿路站往南)

邮政编码:100036 电话:68214039 83219215

传真:68276683 网址:www.jdcbs.cn

封面印刷:北京印刷一厂

彩页正文印刷:北京天宇星印刷厂

装订:北京天宇星印刷厂

各地新华书店经销

开本:850×1168 1/32 印张:6.375 彩页:4 字数:150 千字

2014 年 6 月第 1 版第 3 次印刷

印数:9 001~13 000 册 定价:13.00 元

前　言

　　水貂养殖业起源于国外(1920 年)，主要为裘皮服装、服饰生产提供原料，具有投资少、成本低、周期短、见效快、效益高的特点。我国于 1956 年从国外引种，开始了国内的水貂饲养业。虽然起步较晚，但发展迅猛，2010 年全国水貂养殖总量超过 5 000 万只，占全球总量的 50%，已超过了芬兰、丹麦、美国等主要饲养国，成为世界水貂第一饲养大国。水貂饲养业在我国尚属新兴的产业。半个世纪以来，从无到有、从小到大，一直处在可持续发展之中。近年来，我国已逐渐发展为珍贵裘皮产品生产、加工和消费的大国。特别是在社会主义新农村建设中，水貂养殖对于农业经济结构调整、发展多种经营、增加农民收入等起到了积极作用，已成为我国许多地区农村经济发展、农民就业和增收的新亮点。

　　水貂皮制品作为历史悠久的高档消费品，不仅满足了人们对服装御寒、遮羞的基本需求，还体现着高贵与华丽，长期以来深受众多消费者的喜爱。随着经济的发展以及水貂皮应用领域的不断延伸，国内外对水貂皮制品尤其是国内需求在不断增加，这就给我国的水貂养殖提供了很好的发展机遇和空间。

　　然而，我国虽然是水貂养殖大国，却绝非强国，同国际水貂养殖业发达国家如丹麦、芬兰和美国相比，仍存在较大差距。目前，国内养殖户大多数以家庭分散式养殖为主，规模较小，技术含量较低，抗风险能力较差，生产出的皮张质量差，在国际市场上缺乏竞争力，售价仅是国外同类产品的 60%～70%。因此，要办好一个养貂场,获取最大的经济效益,就必须学习和掌握先进的水貂饲养管理、繁殖和疾病防控技术等,不断提高水貂品种的质量和数量,才能生产出优质水貂皮,增强在国际市场上的竞争力,创造出更大的经济效益。

编著者

目　录

1

第一章　水貂品种与引种技术

第一节　水貂品种介绍

一、选择水貂品种的重要性

水貂皮质量的好坏决定了毛皮的价值大小和市场竞争力,直接影响养貂场的经济效益。美国、丹麦等世界养貂强国生产的水貂皮质量优良,国际裘皮市场上售价高,竞争力强,这是不争的事实。

我国虽然是世界水貂养殖大国,但不是强国,表现在貂皮质量上与美国、丹麦等养貂业发达国家相比,还有很大的差距,在国际市场上缺乏竞争力。

造成我国毛皮质量低的原因有很多,其中,种貂的严重退化是主要原因。种貂退化的主要表现是,发育迟缓,体形变小和毛皮品质差(毛绒稀疏,毛色不正,色浅发红,无光泽,背、腹毛差异明显,出现粗针和杂毛等)。导致种貂退化的原因主要是,随着近些年水貂养殖热的出现,出现了炒种现象,导致养殖户不分水貂质量好坏,不进行品种选育及良种筛选,只要是水貂就都作为种貂使用,近亲交配繁殖问题十分严重。

因此,要办好一个养貂场,获取最大的经济效益,首要的是选好貂种和培育好貂种。

二、水貂良种的标准

(一) 水貂良种类型　国内目前饲养的水貂主要有标准水貂

1

和彩色水貂两大类型。标准水貂通常指被毛黑褐色的色型,其主要优良类型有美国短毛漆黑水貂和金州黑色标准水貂。彩色水貂通常指被毛颜色异于标准水貂的其他色型,其主要色型有白色系列的丹麦红眼白水貂;蓝色系列的蓝宝石水貂、银蓝色水貂;黄色系列的米黄色水貂、珍珠色水貂;咖啡色系列的咖啡色水貂;黑十字系列的黑十字水貂;丹麦棕色系列的丹麦深棕色水貂、丹麦浅棕色水貂。

(二)标准水貂的良种标准

1. 美国短毛漆黑水貂

(1)体形外貌

①头部 公貂头部轮廓明显,面部粗短,眼大有神。公貂显得雄悍。母貂纤秀。

②躯干 颈短而圆,胸部略宽,背腰粗长,后躯较丰满,腹部较紧凑。

③四肢 前肢短小、后肢粗壮,爪尖利,无伸缩性。

④体重 引种季节(9月下旬)公貂达2千克,母貂达1千克;成年平均体重公貂2.25千克,母貂1.25千克左右。

⑤体长 引种季节(9月下旬)公貂≥40厘米,母貂≥37厘米。成年体长公貂≥45厘米,母貂≥39厘米。

(2)毛绒品质

①毛色 漆黑,背腹毛色一致,底绒灰黑,全身无杂色毛,下颌白斑较少或不显。

②毛质 针毛高度平齐,光亮灵活有丝绸感,绒毛致密,无伤损缺陷。

③针、绒毛长度及比差 公貂针毛长16毫米、绒毛长14毫米左右;母貂针毛长12毫米、绒毛长10毫米左右;针、绒毛长度比1∶0.8左右。

④外观 毛被短、平、齐、亮、黑、细。

(3)外生殖器官

①公貂 两睾丸发育正常、匀称、互相独立、无粘连。

②母貂 阴门大小、形状和位置无异常,不畸形,乳头多而分布均匀。

2. 金州黑色标准水貂 该品种是辽宁省大连金州珍贵毛皮动物公司,历时 11 年(1988～1998)自行培育的优良新品种,2000 年 5 月通过农业部畜禽品种审定委员会审定,是国内唯一被正式确认的优良水貂新品种。

(1)体形外貌

①头部 头型轮廓明显,面部短宽,嘴钝圆,鼻镜湿润、有纵沟,眼圆、明亮,耳小。公貂头型较粗犷而方正;母貂头小较纤秀,略呈三角形。

②躯干 颈短而粗圆,肩胸部略宽,背、腰略呈弧形,后躯丰满,匀称,腹部略垂。

③四肢 较短而粗壮,前后足均具五趾,后足趾间有微蹼,爪尖利而弯曲,无伸缩性。

④体重 11 月份时公貂 2.1～2.6 千克,母貂 0.9～1.1 千克。

⑤体长 11 月份时公貂 42～48 厘米,母貂 36～42 厘米。

⑥体质 健壮。

(2)毛绒品质

①毛色 深黑,背、腹色泽一致,底绒深灰,下颌无白斑,全身无杂毛。

②毛质 针毛平齐,光亮灵活,绒毛丰厚、柔软致密,无伤残缺陷。

③毛长度 背正中线 1/2 处针毛长,公貂 20～22 毫米、母貂 19～21 毫米;绒毛长,公貂 13～14 毫米、母貂 12～13 左右。针、绒毛长度比 1：0.65 以上。

金州黑色标准水貂近年来又用美国短毛漆黑水貂改良提高，改良后公貂针毛长达 18 毫米、绒毛长达 15 毫米左右；母貂针毛长达 17 毫米、绒毛长达 13 毫米左右。针绒毛长度比已从 1∶0.65 缩小为 1∶0.8 左右。

④毛细度　背正中线 1/2 处针毛最粗部位 53～56 微米，绒毛 12～14 微米。

⑤毛密度　背正中线 1/2 处，冬毛密度 12 000 根/厘米^2 以上。

(3)繁殖性能　幼龄貂 9～10 月龄性成熟，年繁殖 1 胎，种用年限 3～4 年。公貂参加配种率 90% 以上，母貂受配率 95% 以上，产仔率 85% 以上，胎平均产仔 6 只以上，年末群平均窝成活幼貂 4.2～4.5 只。仔貂成活率(6 月末)85% 以上，幼貂成活率(11 月末)95% 以上。

(4)生长发育　仔、幼貂生长发育迅速，尤其是断奶至 4 月龄生长发育速度更快，6 月龄接近体成熟。公、母貂 6 月龄体重分别是 2 100±41.5 克和 1 180±35.3 克。

(三)彩色水貂的良种标准

国内彩色水貂类型不是太多，其体形外貌与标准水貂相似，主要差别是毛色。因此，彩色水貂良种标准以其色型纯正一致或符合本类型典型毛色为主要指标，其他性状参照标准水貂。但彩色水貂多数繁殖力、抗病力较标准水貂低一些。

1.丹麦红眼白水貂　该品种是丹麦近年来选育成功的针毛较细短的新类型红眼白水貂，有别于原针毛粗长型帝王白红眼白水貂，属 1 对白化基因和 1 对咖啡色基因共同组成的双隐性遗传基因型(ccbb)。体形外貌类似于标准水貂，全身被毛呈均匀一致的乳白色，眼粉红色，繁殖力、抗病力均略低于标准水貂。

2.咖啡色水貂　被毛呈均匀一致的咖啡色，属 1 对咖啡色基因组成的单隐性基因型(bb)。其与丹麦红眼白水貂杂交，子一代均为咖啡色;子一代横交或与丹麦红眼白水貂回交,子二代分离出丹麦红眼白水貂和咖啡色水貂。繁殖力、抗病力略低于标准水貂。

3. **蓝宝石水貂**　被毛呈均匀一致的天蓝色,属 1 对青蓝色(阿留申色)和 1 对银蓝色基因共同组合的双隐性遗传基因型(aapp)。体形与标准水貂相仿,但体质紧凑清秀。纯种繁殖时繁殖力低、抗病力也低。

4. **银蓝色水貂**　全身被毛呈均匀一致灰蓝色,属 1 对银蓝色基因所组成的单隐性遗传基因型(pp)。体形、外貌、繁殖性能、抗病力与标准水貂相同,但针毛较粗长,体质疏松。其与蓝宝石水貂杂交时,子一代均为银蓝色型;子一代横交或与蓝宝石水貂回交时,子二代分离出蓝宝石水貂和银蓝色水貂。银蓝色水貂是杂交繁育蓝宝石水貂的最佳亲本。

5. **钢蓝色(铁灰色)水貂**　全身被毛呈均匀一致的蓝灰色,是银蓝色水貂中毛色较深带有钢铁颜色的类型,属 1 对银蓝色复等位(修饰)基因组成的单隐性复等位遗传基因型(psps、psp)。体形外貌同标准水貂,甚至比标准水貂更粗大,针毛较粗长,毛皮较受市场青睐。

6. **珍珠色水貂**　全身被毛呈均匀一致的灰黄色,类似于珍珠颜色,故而得名珍珠色水貂。眼粉红色。其属 1 对米黄色基因和 1 对银蓝色基因组成的双隐性遗传基因型(pp、bpbp)。体形、外貌类似于标准水貂,繁殖力、抗病力略低于标准水貂。

7. **米黄色水貂**　全身被毛呈均匀一致的米黄色,眼粉红色,属 1 对米黄色基因组成的单隐性遗传基因型(bpbp)。体形、外貌、抗病力、繁殖力与标准水貂相仿。

8. **黑十字水貂**　毛色呈黑白两色相间,黑色毛在背线和肩部构成明显的黑十字图案,新颖而美观。其属 1 对黑十字显性基因或 1 对杂合基因所组成的显性遗传基因型(SS、Ss)。显性纯合个体(SS)无胚胎致死现象。体形、外貌、繁殖力、抗病力同标准水貂。

9.丹麦棕色系列水貂

(1)丹麦深棕色水貂(Mahogany)　全身被毛呈均匀一致的黑棕色,在暗环境下,毛色与黑褐色水貂相似;但在光亮环境下,针毛黑褐色,绒毛深咖啡色,且随光照亮度、角度不同而变化。体形与标准水貂相似。其毛皮属国际市场流行产品。

(2)丹麦浅棕色水貂　体形较大,针毛呈棕褐色,绒毛呈浅咖啡色,类似咖啡色水貂,但颜色更艳丽。

彩貂的皮张色彩绚丽,深受广大消费者的青睐,特别是近年来彩貂皮价格比标准色貂皮每张高出100～200元,而养殖成本却不增加,因此,扩大彩貂养殖可明显提高经济效益,市场前景很好。但彩色水貂和特殊色型的水貂宜在大型饲养场饲养,中小型饲养场家不宜饲养这些稀有类型或只适宜饲养其中1～2种类型。否则,不仅因群体小而容易近亲退化,而且也难以生产质量一致的批量产品,最终影响养殖效益。有些小型场户跟风养殖彩貂,养殖量又不大,花色类型却较多,结果把养貂场变成了展览园。实际上这是一种不正确的做法。

三、种貂分级标准

种貂分级鉴定时间1年鉴定3次,第一次(初选)在繁殖期结束后,由饲养员按种貂分级标准进行自选;第二次(复选)在10月中旬,由场技术员负责选种;第三次(终选)在取皮前1周进行,由场育种工作领导小组集体把关,经综合评定后选留、定群。种貂品质鉴定分3个等级,成年貂(1周岁以上)和育成貂分别进行。种貂分级标准见表1-1。种貂留种原则是,种公貂应达一级以上,二级不能留种;种母貂应达二级以上;经产成年貂留种数量应占种貂群的60%以上。

表 1-1 标准水貂种貂品质鉴定表

幼龄水貂等级标准

项　目	特　级		一　级		二　级	
	公	母	公	母	公	母
断奶重（克）	≥390	≥350	>350	>320	>310	>300
11 月份体重（克）	>2.2	>1.0	>2.0	>0.9	>1.8	>0.85
11 月份体长（厘米）	>48	>39	>45	>38	>40	>36
同窝仔貂数（只）	>8		>6		>5	
同窝仔貂数成活（只）	7		6		5	
秋季换毛时间	9 月 20 日前		9 月 30 日前		10 月 10 日前	
毛　色	深黑色		黑色		黑褐色	

成年水貂等级标准

毛　色	深黑色		黑色		黑褐色	
毛　质	短、平、细、亮		短、平、亮		平、亮	
体　况	健壮丰满		健壮		健壮细致	
配种能力	强		强		较强	
母貂胎产（只）	>8		>6		>5	
断奶成活（只）	7		6		5	
秋季换毛时间	9 月中旬		9 月下旬		10 月上旬前	

第二节 水貂的引种和运输

一、引种的准备工作

引种的目的一般是改良提高本场兽群品质或增强本场良种优势,有时也为改善本场种群血缘关系而引种。所以,应根据引种目的和需要,确定所拟引进的种类、性别及数量。

引种前应事先考察引种场,选择饲养管理规范、种兽品质优良和卫生防疫条件好、信誉好的场引种。正流行或刚流行过疫病的场,不能前去引种。对引种场情况不明时,应多考察一些场,货比三家,从优选择。重点应考察:①年龄。成龄貂2～3岁,幼龄貂应在5月龄以上。②种貂应达到规定的良种标准。③体质健壮,已注射过犬瘟热和病毒性肠炎疫苗。④系谱清楚,并带有种貂卡片。⑤检疫合格证明。应有由有关部门出具的检疫合格证明。

考察完成后确定好挑选种兽的技术人员,准备好运输用具、用品。

二、引种时间

9月底至10月上旬是引种最适宜的时间。此时幼貂已长至成貂大小,正处在秋季换毛的明显时期,毛皮品质的优劣已初见分晓,加之此时气候已比较凉爽,更便于运输的安全。另外9～10月份幼貂和老貂从形态上一般可以区别出来。老貂一般体质较瘦,针毛较粗,但光泽较好,牙齿和爪不尖锐;母貂的颈背部多数还有少量的白毛(是交配留下的痕迹)。当年幼貂一般较肥胖,针毛较细,欠光泽,绒毛较丰满,牙齿和爪很尖细;母貂颈背没有白色杂毛。引种时间最迟不应晚于翌年1月。

遇到特殊情况时,如种兽优良而货源紧缺,也可以在幼貂分窝以后抢先引种。此时可引进当年出生较早的幼貂,但对其成年后的毛皮品质不好预测观察。

三、种貂的挑选

种貂的挑选是引种最关键的问题。挑选种貂一定要按良种貂标准严格进行选择,并要慧眼识貂,以防对方以老充小、以次充好、以假乱真(如以杂交改良冒充原种纯繁貂等)而上当受骗。

挑选出来的种貂最好让引种场于一处集中饲养观察,以便引种者观察种貂的精神状态、活动和采食等情况,剔出品质不佳者。在种貂启运前要编好顺序号,并索要和记录好个体的系谱资料。

四、种貂的运输

运输前要准备好运输笼、捕貂手套、饮水壶、钳子、细铁丝及少量药品等,要和运输部门事先联系,办理好托运及检疫等手续,以免途中延时。

1. 单笼装运 运输笼不宜过大,也不宜过小。每只貂所占的空间不能小于 20 厘米×20 厘米×50 厘米。一般 5 只一组,长不小于 50 厘米、宽 120 厘米、高 25 厘米。笼底要钉有油毡纸或薄木板,以防粪尿和饮水浸湿下层的水貂或污染运输的车辆,笼内要铺上适量的干燥垫草。种貂装笼时要在笼上做好顺序标记,以防运回后系谱错乱。

2. 喂食和饮水 运输前最好喂给种貂常规量的食物,切勿喂得太饱。运输时间短(3 天内)的,可不喂食,但要少量提供饮水;运输时间长(超过 3 天)的除应多添饮水之外,每天应喂给少许食物 1 次。喂水时少添勤添,不要让水盒内饮水沾湿种貂的毛绒,以防感冒。

3. 办理检疫手续 种貂运输前一定要办好检疫证明、车辆消毒和兽医部门出具的消毒证明,以备在运输中使用。

4.运输无间歇　种貂装笼、车辆启运后中途应不停留休息,尽量缩短中途停留的时间。车辆行驶要平稳,尽量避免急停车和急转弯。

5.防雨防晒　种貂运输不宜使用密闭的车厢,种貂笼的上方应加盖苫布防雨防晒。

五、回场管理

1.隔离观察　种貂运抵场内后应迅速从运笼内移入笼舍内,但不宜直接放在场内饲养,应在单辟的隔离场或隔离区内暂养观察一段时间(1～2周),确认健康无疾患时方可入场内饲养。

2.喂食和饮水　种貂到场后应先供给足量饮水,然后再喂给少量食物,以后逐渐增加,2～3天再喂至常规量,以防种貂因运输造成的应激和饥饿而大量采食,造成消化不良。

3.及时补注疫苗　引种前若引种场未对种貂进行犬瘟热、病毒性肠炎和脑炎疫苗免疫,则运到后应及时补注上述疫苗。

4.运输工具消毒处理　对所用运输工具,特别是运输笼要及时清理和消毒处理,以备下次使用。

第二章　水貂养殖场建设

第一节　场址选择

一、场址选择的原则

水貂养殖场选择场址时,应以自然景观、环境条件适合于水貂生物学特性要求为宗旨,以符合养貂场生产规模及发展远景为条件,并以具备稳定的饲料来源为基础,全面考虑,科学选址。

选择场址是建设水貂养殖场重要的技术性工作,若场址选择不合理,将会给以后的生产带来种种困难,增加非生产性消耗,提高饲养成本。因此,在建设水貂养殖场之前,一定要根据饲养水貂所要求的基本条件,组织专业人员,认真地进行场址的勘察工作,并做出建场的全面规划,切不可违背科学,草率或主观行事。

二、场址选择的综合条件

(一)地理条件

1. **地理纬度**　北纬35°以北地区适合饲养水貂;北纬35°以南地区不宜饲养,否则会引起毛皮品质退化和不能正常繁殖的不良后果。

2. **海拔高度**　中低海拔高度适宜饲养水貂;高海拔地区(3000米以上)不适宜。高山缺氧有损动物健康,紫外线光照度高亦降低毛皮品质。

(二)饲料条件　饲料是饲养毛皮动物的首要物质基础,必须在建场前搞好调查研究和论证,充分估测。首先考虑饲料来源、数量及提供季节等,然后确定饲养场的规模,对于不具备饲料条件的,其他条件再适宜也不能建场。

1. 饲料资源条件 具备饲料种类、数量、质量和无季节性短缺的资源条件。对水貂等肉食性毛皮动物来说,要重点考察动物性饲料资源条件,最好选在畜牧业发达的地区或鱼类资源丰富的江、河、湖、海和水库,或肉类联合加工厂、畜禽屠宰场、鱼或肉类的冷库储存单位附近等地方建场。

2. 饲料贮藏、保管、运输条件 主要指鲜动物性饲料的冷冻贮藏、保管和运输条件要方便。

3. 饲料的价格条件 具备饲料价格低廉的饲养成本条件。饲料的其他条件再好,但价格贵,饲养成本高、养殖无效益的地区不能选建养貂场。

(三)自然环境条件

1. 地势 要求地势较高、地面干燥、排水通畅、背风向阳。低洼、沼泽地带,地面泥泞、湿度较大、排水不利的地方不宜建场。

2. 用地与面积 应尽可能避免占用耕地,最好利用贫瘠土地或非耕地。占地面积既要满足饲养规模的设计需要,也应考虑到有长远发展的余地。

3. 坡向 坡地要求不要太陡,坡地与地平面之夹角不超过45°,坡向要求向阳南坡。只能在北坡建场时,则要求南面的山体不能阻碍北坡的光照。

4. 土壤 沙土、沙壤土透水性较好,易于清扫和排除粪便及污物,这样的土质地面修建水貂棚舍较为理想。

5. 水源 养貂场的用水量很大,水质的好坏对水貂的生长发育、繁殖和毛皮质量等有很大影响。所以水源要充足、洁净,达到饮用水标准,用水量按 1 吨/100 只·天计算。决不能使用死水、臭水或被病菌、农药污染的不洁水。

6. 气象和自然灾害 易发洪涝、飓风、冰雹、大雾等恶劣天气的地区不宜建场。

(四)社会条件

1.能源、交通运输条件　养貂场应具有方便的交通条件。电源是养貂场不可缺少的能源,饲料的加工调制、冷冻贮藏和控光等都不能缺少电源。

2.卫生防疫条件　环境清洁卫生,未发生过疫病和其他污染。养貂场不应离畜禽饲养场太近(相距1千米以上),更不可与居民住宅区混在一起(相距1千米以上),以避免同源疾病的相互传染。曾经流行过畜禽传染病的疫区或疫源区,必须严格消毒,经检测符合卫生防疫的要求后方可建场。

3.噪声条件　养貂场一定要有安静环境,应常年无噪声干扰,尤其4～6月份更不应有突发性噪声刺激。

4.公益服务条件　大型养貂场职工及职工家属较多,应考虑就近居住和有社会公益服务条件。

三、场地规划

(一)规划的内容及总体原则

1.养貂场规划内容　生产区(生产主体)、生产服务场区(主体的直接服务区)、职工生活和办公区(主体的间接服务区)的设置和合理布局。

2.规划总体原则　加大生产主体即生产区的用地面积,尽量增加载貂量;根据实际需要尽量缩减主体服务区的用地面积,以保证和增加经济效益。生产区用地面积与服务区用地面积的比例应不低于4:1。

3.各种设施、建筑的布局　应方便生产,符合卫生防疫条件,力求规范整齐。整个养貂场建设标准应量体裁衣,因地制宜,尽量压缩非直接生产性投资。

此外,根据总体规划分阶段投资建设,并为长远发展留有余地。

(二)规划的具体要求

1. 生产区 生产区是整个养貂场的核心,主要建筑为棚舍和笼箱,应设在光照充足、不遮阳、地势较平缓和上风向的区域。种貂和生产貂应分开,设在不同地段,分区饲养管理。生产区内下风处还应设置饲养隔离小区,以备引种或发生疫病时暂时隔离使用。生活区、管理区的生活污水,不得流入生产区。

2. 生产服务区 饲料贮藏加工设施应就近建于生产区的一侧,离最近饲养棚舍的距离20～30米,不要建在饲养场区内或其中心位置。其他配套服务设施也不要离生产区过远。生产服务区水、电、能源设施齐全,布局应考虑安装、使用方便,尤应注重安全生产,杜绝水、火、电的隐患。

3. 生活服务区 为保证有良好的生活条件,居民区应安置在环境最好、生活方便的地段,与生产区要相对隔离,距离1千米以上。生活服务区排出的废水、废物不能给生产区造成污染。

4. 办公区 办公区应靠近居民较集中、交通方便的地方,以便有效利用原有的道路和输电线路,方便饲料和其他生产资料的供应、产品销售以及与居民点的联系。但办公区与生产区应加以隔离。外来人员只能在管理区活动,特别是车库应设在管理区,严防病原菌传入。场外运输应严格与场内运输分开,场外运输车辆严禁进入生产区。

5. 环保 依据《中华人民共和国环境保护法》相关内容执行。按相关要求,杜绝环境污染。积粪池(场)应设置在饲养场区院外的下风口处,粪便和垃圾集中在积粪池(场),经生物发酵后作肥料肥田。也可及时将粪便拉至场外沤肥。饲料室的排水要通畅,废水排放至允许排放的地方。另外,要加强绿化,要植树种花草,减少裸露地面,绿化面积应达场区面积的30%以上。

第二节　棚舍、笼舍建筑标准

貂棚是用来遮挡雨、雪,防止日光直接照射的建筑。笼舍包括貂笼和小室(窝室),貂笼是水貂活动、采食、排便和交配的场所;小室是水貂休息和产仔、哺乳的地方。棚舍和笼舍是养貂场的基本建筑,更是生产区的核心建筑。

一、棚　舍

饲养水貂宜采用棚舍饲养,不提倡露天无棚式的简陋饲养。棚舍建筑要求通风采光、避雨雪。在棚舍设计、建造和改造的过程中,应考虑光照条件、空气质量、地理位置、水源条件等各种环境因素,创造适合水貂生理特点的饲养环境。貂棚的结构简单,只需棚柱、棚梁和棚顶,不需建造四壁。貂棚可用石棉瓦、钢筋、水泥、木材等作材料。修建时根据当地情况,就地取材,灵活设计。

貂棚的走向和配置与貂棚内的温度、湿度、通风和光照等情况有很大关系,应根据当地的地形、地势及所处地理位置综合考虑。棚舍一般以东西走向为宜,既便于种貂、皮貂分群饲养,又利于夏季防暑。在确保采光和通风的条件下,棚舍长度可根据场地实际情况自行确定,一般为25~50米。棚与棚的间距以3.5~4米为宜,相距太宽,占地面积大,浪费土地;太窄,光线暗,影响性器官的发育。

水貂棚脊高2.6~2.8米,棚檐高1.4~1.6米,棚宽3.5~4米。水貂棚的建筑标准见图2-1和图2-2。

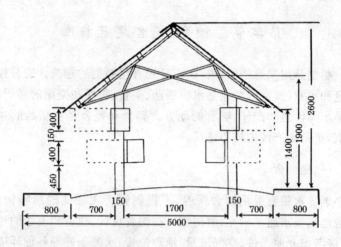

图 2-1　水貂高窄式标准棚舍　（单位:毫米）

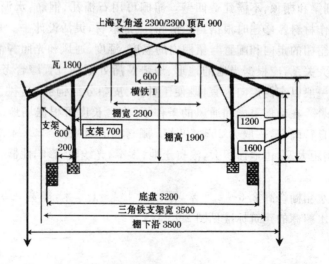

图 2-2　水貂棚顶通风透光棚舍　（单位:毫米）

二、貂笼

貂笼多用电焊网编制而成。笼的网眼大小为 2.5～3.5 厘米。貂笼大小要求符合水貂正常生长发育的要求,种貂活动面积不低于 2 700 厘米^2/只,皮貂活动面积不低于 1 800 厘米^2/只,并要求坚固耐用,便于管理操作,符合卫生防疫的要求。一般种貂笼长 90 厘米、宽 30 厘米、高 45 厘米;皮貂笼长 60 厘米、宽 30 厘米、高 45 厘米。

三、小 室

小室可用 1.5～2.0 厘米厚的小规格木板制作。应符合水貂正常生长发育的要求,并坚固耐用,便于管理操作,符合卫生防疫的要求。一般种貂小室和皮貂小室均为长 25 厘米、宽 32 厘米、高 45 厘米。笼内要安装饮水盒和食盒。

貂笼和小室分别制作好后,安装于貂棚的两侧,可安装成双层,也可单层安放。

貂笼和小室在制作和安装时应符合以下几项要求:①笼室内壁不能留有钉头、铁皮尖和铁丝尖,否则会损伤水貂毛皮。②无自动饮水装置时,在笼内须安装一个饮水盒,水盒要易于添加饮水和洗刷消毒。③貂笼和小室都要与地面保持 45 厘米以上高度的距离,以方便操作。貂笼和小室要紧密相连,安装牢固。笼与笼之间也必须留有 5～10 厘米的间距,以防止水貂打架时被咬伤。④用食碗喂水貂时,应在笼门口用粗铁丝做一食碗架固定,防止水貂采食把食碗拱翻。

第三节 辅助设施建设

一、饲料加工室

饲料加工室的设备包括洗涤设备、熟制设备、粉碎机、绞肉机、搅拌机、洗鱼机、电机等,用来冲洗、蒸煮、浸制及混合饲料。加工室的大小根据貂群大小而定。为便于洗刷,保证卫生,室内地面和墙围应用水泥抹光,同时,应有上下水道。

二、兽医室

兽医室应能满足水貂疾病预防、检疫、化验及治疗的需要,规模应与饲养种群相配套。

兽医室要毗邻管理区,距水貂棚舍50米以上。应当具备完整的设施和设备。要包括消毒室、医疗室、无菌操作室（20米²）、焚尸炉或生物热坑。消毒室主要负责对外来人员接待和消毒工作,以及消毒器械。医疗室配置各种医疗用药品和器械,如显微镜、冰箱、高压蒸汽消毒器、免疫电泳仪、离心机等。

三、毛皮加工室

毛皮加工室属于生产区的一个重要组成部分,要求毗邻管理区,距水貂棚舍50米以上,主要对毛皮产品进行初加工。依据初加工过程中不同环节的具体要求,毛皮加工室应依次修建屠宰间、剥皮间、刮油间、洗皮间、上楦间、干燥间、贮存晾晒间、验质间。各加工间要求按顺序排开,互相直通。根据种貂规模确定面积,一般300只种貂,各间需30~40米²。

第三章　水貂常用饲料

第一节　水貂的消化生理特点

水貂是肉食性毛皮动物,食物以动物性饲料为主,其他饲料为辅。其消化系统包括消化管和消化腺两大部分。消化器官特点是:单胃、消化道和体长的比相对较短,食物在消化道内停留时间短、在口腔内不发生化学变化。

一、口　腔

(一)牙齿　犬齿粗壮、发达、尖锐,适于咬住和撕裂食物。前臼齿发达,齿缘锋利,齿面呈锋刃(裂齿)状,有利于将饲料切成碎块。

(二)舌　舌狭长,由舌下中线的一条垂直的舌系带与口腔底部相连。舌表面布有乳突,其上有味蕾。水貂对味觉敏感,常将不适口饲料剔除。

(三)唾液腺　口腔中的唾液腺有3对,即腮腺、颌下腺、舌下腺,这些有管分泌腺体均开口于口腔。唾液腺可分泌液体,润滑食物,但不含淀粉酶。所以水貂采食时靠舌吞咽,不细咀嚼便经咽和食管进入胃。

(四)口腔的消化特点　容积小,食物停留时间短;牙齿不适于研磨,故不咀嚼食物,不适于长期采食干硬饲料;食物在口腔内不发生化学变化。

二、胃

（一）结构　容积较大，可达 310～500 毫升，单室，前为贲门，通食管；后为幽门，通十二指肠。胃壁附有一层黏膜，黏膜层形成很多纵向排列的褶皱，在黏膜上有胃腺，可分泌胃液（盐酸和胃蛋白酶原）及少量脂肪酶，胃肌不发达。

（二）功能　胃液中的胃蛋白酶可将饲料中的蛋白质分解为半消化蛋白和少量的氨基酸，脂肪酶可将少量的饲料脂肪分解。胃肌不参与食物研磨过程，主要通过收缩和舒张运动，将食物同胃液充分混合，以利于消化，同时将食糜推送进入小肠。

三、肠

水貂肠道较短而细，包括小肠和大肠。

（一）小肠　包括十二指肠、空肠、回肠，其长度为体长的 3.5～4 倍。胃幽门下即为十二指肠，向右后侧延伸接空肠（长 13～26 厘米），空肠往下接回肠（空、回肠总长 110～147 厘米）。小肠黏膜上的腺体（小肠腺）可分泌小肠液（主要含肠蛋白酶、肠脂肪酶和肠淀粉酶等）。

食物的消化和吸收主要在小肠中完成。食糜进入小肠后，在肠蛋白酶、肠脂肪酶和肠淀粉酶、胰液中的胰蛋白酶、胰脂肪酶和胰淀粉酶及胆汁的作用下，结合小肠蠕动的机械作用，食糜大部分进一步降解，大分子的蛋白质、脂肪、碳水化合物分别降解为氨基酸、低级脂肪酸、甘油及单糖，由小肠壁绒毛的毛细血管吸收入血液。

（二）大肠　包括结肠与直肠，全长 20 厘米左右。水貂不具有盲肠，直肠末端为肛门。大、小肠无明显界限，结肠较粗，肠黏膜有发达的纵行皱襞，无绒毛。

大肠的主要生理功能是吸收经小肠消化吸收后的食物残渣中

的水分,并利用大肠黏膜中的大肠腺分泌碱性的大肠液,可湿润粪便,利于排出体外,保护肠黏膜。

四、肝和胰

(一)肝脏 水貂肝脏非常发达,正常胆囊管暗黄色,呈梨形,重38~81克,胆囊管在接近十二指肠处汇成胆总管,开口于幽门下方约1.5厘米的十二指肠。肝中生成的胆汁主要含胆酸盐和胆色素。胆酸盐进入小肠吸收部,几乎全被重吸收,并经肝门静脉血返回肝脏。胆酸盐主要生理功能是激活胰脂酶、乳化脂肪,增加脂肪与脂酶的接触面积,促进脂肪的分解与吸收。此外,胆汁还能促进脂溶性维生素的吸收,刺激肠道蠕动等。

(二)胰脏 水貂的胰脏细长,呈半环状,长5~6厘米,宽0.5~1厘米。分为左右两臂,左臂为胰尾,右臂为胰头。头与尾在胃幽门后方相会,胰液管在两臂相会处与十二指肠相通。胰腺分泌的胰液是一种澄清的碱性液体,内含多种消化酶(如胰蛋白酶、胰脂酶和胰淀粉酶)和重碳酸盐。重碳酸盐为碱性,可中和胃酸,并可为胰蛋白酶、胰脂酶、胰淀粉酶等提供适宜的碱性环境,以利于这些消化酶充分发挥消化作用。

水貂的各种消化腺所分泌的消化酶,以蛋白酶、脂肪酶为主,缺少淀粉酶,对植物性饲料只能消化其中部分淀粉,对饲料中的纤维素不能消化。由此决定了水貂必须以动物性饲料为主。

第二节 水貂常用饲料及其利用

一、常用饲料的分类

水貂饲料的种类很多,常用饲料主要是动物性饲料,配合使用植物性饲料和添加剂饲料,其分类见表3-1。

表 3-1　水貂饲料的分类

饲料	类别	饲料名称
动物性饲料	鱼类	各种海鱼和淡水鱼
	肉类	各种家畜、家禽、野生动物肉
	鱼、肉副产品	水产加工副产品（鱼头、鱼骨架、内脏及下脚料等），畜、禽、兔副产品（内脏、头、蹄、尾、耳、骨架、血等）
	软体动物	河蚌、赤贝和乌贼类等及虾类
	干动物性饲料	干鱼、鱼粉、肉骨粉、血粉、猪肝渣、羽毛粉、干蚕蛹粉、干蚕蛹、肉干等
	乳蛋类	牛、羊及其他动物乳、鸡蛋、鸭蛋、毛蛋、照蛋等
植物性饲料	作物籽实类	玉米、高粱、大麦、小麦、燕麦、大豆、谷子及其加工副产品
	油饼类	豆饼、棉籽饼、向日葵饼、亚麻籽饼等
	果蔬类	次等水果，各种蔬菜和野菜等
添加饲料	维生素饲料	维生素 A、维生素 D、维生素 E、维生素 C、B 族维生素、麦芽、鱼肝油、酵母等
	矿物质饲料	骨粉、骨灰、石灰石粉、贝壳粉、食盐及人工配制的配合微量元素
	生物制剂	益生素、消化酶等
配合饲料	干粉料	浓缩料、预混料和全价配合颗粒饲料等
	鲜配合全价饲料	

二、动物性饲料的利用

（一）鱼类饲料　是水貂蛋白质的主要来源之一。除了河豚等有毒鱼类外，大多数海水鱼和淡水鱼都可作为水貂的饲料。由于鱼的大小和种类不同，其营养价值也不同。

1. **海水鱼** 宜多种类搭配利用,有利于提高蛋白质的生物学价值。品质新鲜者宜生喂;轻微变质腐败的海杂鱼,需要经过蒸煮消毒处理后才能饲喂,但蛋白质消化率大约降低 5% 左右。严重腐败变质的鱼不能饲喂,以防中毒事故的发生。

海水鱼类中有毒鱼类(如河豚、马面豚等)、含有组胺的鱼类(属青皮红肉类,如鲐鱼、鲅鱼等)不能利用;含脂肪高的鱼类(如带鱼、青鱼等)不宜单独利用;鳕鱼类,如长时间大量饲喂,会引起水貂贫血(缺铁)和绒毛呈絮状;新鲜的明太鱼直接饲喂会引起呕吐,但经过 6～7 天的冷冻保存后,此现象可消除。

体表黏液较多的鱼类(如白鱼等)会导致呕吐现象,影响食欲,应加入 0.25% 食盐搅拌(搅拌后注意用清水洗净,避免食盐中毒),或用热水浸烫去除黏液后再喂。内脏过大的鱼类(如安康鱼等)应摘除内脏后利用,否则适口性不强。

海杂鱼一般含能量为 292.88～376.56 千焦/100 克,可消化蛋白质 10～15 克/100 克。在动物性饲料中的比例一般可占30%～50%。

2. **淡水鱼** 主要有鲤鱼、鲫鱼、白鲢、花鲢、黑鱼、狗鱼、泥鳅等。这些鱼特别是鲤科鱼,多数含有硫胺素酶,可破坏维生素 B_1。所以对淡水鱼需要采用蒸煮方法,通过高温破坏其硫胺素酶,再进行饲喂。

3. **鱼类副产品** 是水貂动物性蛋白质来源的一部分。鱼头、鱼排(鱼骨架)、内脏及其他下脚料都可以用来喂水貂,生产中以鱼头、鱼排利用较多。品质新鲜的宜生喂;新鲜程度较差的应熟喂,特别是内脏不易保鲜,熟喂比较安全。因鱼排、鱼头含骨质较多,蛋白质含量比全鱼低,因此日粮中动物性饲料不能全部使用鱼副产品,繁殖期喂量不能超过日粮中动物性饲料的 20%,幼貂生长期和冬毛发育期可增加到 40%。

(二)肉类饲料 主要是指各种动物的肌肉。动物肉是水貂优质全价蛋白质饲料的重要来源,它含有与水貂机体相似数量和比例的全部必需氨基酸,同时,还含有脂肪、维生素和矿物质等营养物质。肉类的种类繁多,适口性好,来源广泛,可消化蛋白质为18%～20%,营养价值高,多在繁殖期少量利用。在日粮中动物蛋白质可以完全利用肉类,但实际生产中,这样会浪费较大,所以最好不超过动物性饲料的50%,与其他动物性饲料合理搭配利用。日粮中较好的搭配比例(重量比)是肌肉10%～20%、肉类副产品30%～40%、鱼类40%～50%。来源可靠、品质新鲜者宜生喂,否则应熟喂。

使用肉类应注意以下问题:

①经兽医卫生检疫合格后才能生喂,对病畜禽肉,来源不明或怀疑污染的肉类,必须经过兽医检查和高温无害化处理后方可喂给。

②死因不明的尸体肉类禁用。因为这些畜禽死亡后,没有及时冷冻,而尸体温度在25～37℃的缺氧条件下,正是肉毒梭菌繁殖产生外毒素的良好场所。当温度低于15℃或高于55℃时,肉毒梭菌不能繁殖和形成毒素。如果用被污染含有毒素的肉类饲喂水貂,将出现全群性的中毒事故。

③利用痘猪肉时,需经过高温或高压热处理。痘猪肉脂肪含量较多,且脂肪易酸败变质,饲喂水貂特别是幼貂易引起维生素B_1和维生素E缺乏症。因此一般用来饲喂毛皮成熟期的皮貂,非皮貂只能掺杂于其他饲料中搭配喂给。痘猪肉在饲喂前应进行加工处理,即将皮和瘦肉之间的脂肪剔净,再经高温熔化撇出脂肪后,将瘦肉渣放入木盒内冻成坨后贮存备用。

④不新鲜或疑似巴氏杆菌病的兔肉和禽肉必须熟喂。

⑤狗肉一般要熟喂,以防犬瘟热等传染病。

⑥在水貂繁殖期,严禁利用经乙烯雌酚处理的肉类,否则会造成生殖功能的紊乱,使受胎率和产仔数明显降低,严重时还可使全

群不受孕。

⑦狐、貉的肌肉可喂水貂，最好熟喂，但在繁殖期最好不用。水貂的肌肉不能再喂给水貂，以避免感染某些疾病。

（三）肉类副产品　主要包括各种畜禽的心、肝、脾、肺、肾、头、蹄、骨架、内脏和血液等，是水貂动物性蛋白质来源的一部分。这类饲料中除了心、肝、肾外，大部分蛋白质消化率较低，生物学价值不高，矿物质和结缔组织含量高，某些必需氨基酸含量过低或比例不当。因此在利用时要注意同其他饲料的搭配。肉类副产品一般占动物性饲料的 30%～40%。来源可靠、品质新鲜者宜生喂，否则应熟喂。

部分肉类副产品（心、肝、脾、肾、血）是优质的全价蛋白质饲料，多在繁殖期少量利用。

1.肝脏（摘除胆囊）　是较理想的全价蛋白质饲料，含有全部必需氨基酸、多种维生素（维生素 A、维生素 D、维生素 E、维生素 B_1、维生素 B_2）和微量元素（铁、铜、钴等），特别是维生素 A 和维生素 B 含量非常丰富。肝脏有轻泻作用，故喂量不宜过多，一般可以占动物性饲料的 15%～20%，而且应当由少到多逐渐增加供给量，以免引起腹泻。

2.心脏和肾脏　是全价蛋白质饲料，同时还含有多种维生素，但总的来说，生物学价值不及肝脏高。心脏和肾脏的产量有限，因此多在繁殖期使用，以提高日粮的生物学价值和维生素含量。肾上腺在繁殖期不宜使用，以防造成生殖功能紊乱。

3.胃　是水貂的良好饲料，但其蛋白质不全价，生物学价值较低，需与肉类或鱼类搭配使用。新鲜的牛、羊胃可以生喂，而猪、兔的胃必须熟喂；腐败变质的胃会引起消化障碍，不能饲喂。在繁殖期胃可占水貂动物性饲料的 20%～30%，幼貂生长发育期可占 30%～40%，比例过高对繁殖和幼貂生长都会造成不良影响。

4.肺、肠、脾和子宫　蛋白质生物学价值不高，应与肉类、鱼类混合搭配。通常在繁殖期，混合副产品可占日粮总量的10%～15%，非繁殖季节可占25%～30%，幼貂育成期可占40%～50%。必须熟喂，生喂易引起某些疾病，如伪狂犬病、巴氏杆菌病、布鲁氏菌病。子宫、胎盘和胎儿应在幼貂生长发育期大量利用，准备配种期和配种期一般不能利用，以防含某些激素而造成水貂生殖功能紊乱。

5. 食管、喉头和气管　食管营养价值与肌肉无明显区别，在妊娠和哺乳期，牛的食管可占动物性蛋白质的20%～35%，母貂食欲旺盛，泌乳能力强，仔貂发育健壮。喉头和气管在幼貂生长发育期，可占动物性饲料的20%～25%，繁殖期利用，要摘除附着的甲状腺和甲状旁腺。

6. 乳房和睾丸　在水貂非繁殖期可以利用，用量不可超过日粮中动物性饲料的10%。乳房含结缔组织较多，蛋白质生物学价值低，脂肪含量高。因此，喂量过大可导致食欲减退，营养不良。各种动物的睾丸数量不多，在准备配种期喂给母貂，不利于繁殖；喂给公貂，对性活动有一定促进作用，但不明显。

7. 血液　鲜血是水貂良好的饲料，含较高的蛋白质、脂肪及丰富的矿物质（铁、钠、钾、氯、钙、磷、镁等）。新鲜健康动物的血液（屠宰后不超过5～6小时）可以生喂，喂量适当能提高适口性，增加食欲；喂量过多可引起腹泻。一般在繁殖期喂量可占动物性蛋白质的10%～15%，幼貂生长发育期占30%左右。血液极易腐败变质，失鲜的血液要熟喂，腐败变质的血液不能饲喂。

8. 动物脂肪　喂给适量的动物脂肪，对仔貂发育和母貂生产力均有良好影响；如果喂给质量不好的脂肪或过量饲喂，会对水貂的健康产生极大危害，因此要特别注意脂肪供给的数量和质量。脂肪酸败对水貂繁殖的影响极大，不能饲喂水貂。

10. 脑　蛋白质生物学价值很高，不仅含有全部必需氨基酸，还含有丰富的脑磷脂，特别是对水貂生殖器官的发育有促进作用，故常称为催情饲料。一般在准备配种期和配种期适当饲喂,3～5克/天。脑中脂肪的含量较高,饲喂过多能引起食欲减退。

11.禽类副产品　包括头、肠、爪、皮和肝脏等,以肝脏营养价值较高。一般在幼貂生长发育期和毛绒生长期利用,在繁殖期除新鲜鸡肝外一般不用,以防对繁殖功能造成不良影响。鸡背、鸭背、鸡脖类骨质较高,可占动物性饲料的30％～50％;鸡肠可占20％;鸡皮、鸡尾含脂肪很高,一般只在冬毛生长期肥育时利用。一般情况下均应熟喂,以严防疫病发生。

12.兔头、兔骨架和兔耳　由于含有大量灰分,大量的利用能降低蛋白质和脂肪的消化率。所以一般在繁殖期,混合兔副产品可占动物性饲料的15％～25％,幼貂育成期可占40％～50％。带毛的兔头可连毛带皮一起利用,但数量不宜过多,而且要熟喂。

(四)软体动物　河蚌、赤贝和乌贼类等及虾类,除含有部分蛋白质外,每100克中还含有200单位左右的维生素A和丰富的维生素D原。因此在幼貂生长发育期可以广泛应用。但软体动物肉中蛋白质多属硬蛋白,生物学价值较低,并含有硫胺素酶,因此要熟喂,而且熟制后硬蛋白也很难消化,喂量过多会引起消化不良。一般熟河蚌肉或赤贝占动物性蛋白质的10％～15％,最大喂量不超过20％,河虾和海虾不超过20％。

(五)干动物性饲料　主要包括水产品加工厂生产的鱼粉,肉联厂生产的肉粉、肉骨粉、肝渣粉、羽毛粉等,缫丝工业副产品的干蚕蛹粉及淡水干杂鱼和海水鱼的干杂鱼等。

1.鱼粉　是优质的动物性蛋白质饲料。蛋白质含量一般在60％左右,含盐量为2.5％～4％,含有全部必需氨基酸,生物学价值高。质量好的鱼粉喂量可占动物性饲料的20％～25％。

2.干鱼　广泛应用于水貂饲料。要与新鲜的鱼、肉、肝、奶、蛋等动物性饲料搭配使用,同时还要注意增加酵母、维生素 B_1、鱼肝油和维生素E的喂量,特别是在繁殖期。质量好的干鱼各生产时期都可以大量利用,一般不低于动物性饲料的 70%～75%,个别时期可达到 100%。

3.肝渣粉 是生物制药厂利用牛、羊、猪的肝脏提取维生素 B 和肝浸膏的副产品,经过干燥粉碎而成。其营养物质含量分别为:水分 7.3% 左右,粗蛋白质 65%～67%,粗脂肪 14%～15%,无氮浸出物 8.8%,灰分 3.1%。经过浸泡后可以与其他动物性饲料搭配饲喂,但喂量不宜过大,否则引起腹泻。一般在繁殖期可占动物性饲料的 8%～10%,幼貂育成期和毛绒生长期占 20%～25%。肝渣粉在保存的过程中,极易吸湿而腐败变质,如饲喂变质的肝渣粉可引起母貂后肢麻痹、全窝死胎、烂胎,仔貂大量死亡(死亡率达 75%)。因此在饲喂前应当认真检验其新鲜程度。

4.血粉 是由畜禽的血液制成,富含铁,粗蛋白质含量在 80% 以上,赖氨酸含量高达 7%～8%,但缺乏蛋氨酸、异亮氨酸和甘氨酸,且适口性差,消化率低,喂量不宜过多。一般经过煮沸的血粉可占幼貂育成期和毛绒生长期动物性饲料的 2%～4%,繁殖期占 1%。

5.蚕蛹或蚕蛹粉 蚕蛹含蛋白质 65%,脂肪 24%,是水貂较好的动物性蛋白质饲料,日粮中添加 10%～15% 的蚕蛹干代替肉类饲料是完全可行的。饲喂蚕蛹时,要彻底浸泡以除掉残存的碱类,经过蒸煮加工,然后与鱼、肉饲料一起经过绞肉机粉碎后饲喂。

6.羽毛粉 羽毛粉中含有丰富的胱氨酸(占 8.7%),同时含有大量的谷氨酸(10%)、丝氨酸(10.22%),这些氨基酸是毛绒生长所必需的物质。在春季和秋季脱换毛的前 1 个月日粮中加入一定量的羽毛粉(动物性饲料的 1%～2%),连续饲喂 3 个月左右,可以减少自咬病和食毛症的发生。羽毛粉难消化吸收,多数饲养场把它与谷物饲料通过蒸熟制成窝头利用。

7.其他干副产品 包括肠衣粉、赤贝粉、残蛋粉、肝边、气管、牛羊的肺、胃和腺体等,其难于消化,适口性差,营养价值较低,在利用时要与鲜鱼、肉类搭配使用，用量占日粮中可消化蛋白质的20%～30%。

（六）乳品及蛋类

1.鲜乳　牛乳和羊乳是水貂繁殖期和幼貂生长发育期的优良蛋白质饲料。在日粮中加入一定量的鲜乳有自然催乳和促进幼貂生长发育的作用。一般母貂喂鲜乳量为30～40克/天，或占日粮总量的20%，最多不超过60克/天。饲喂给水貂的鲜乳需加热至70～80℃，经过15分钟的消毒。凡不经消毒或酸败变质的乳类，禁止饲喂。

2.脱脂乳　是提高日粮蛋白质生物学价值的强化饲料。一般含脂肪0.1%～1%，蛋白质3%～4%，对水貂生长有良好的作用。断奶的仔貂每日可喂脱脂乳40～80克，占日粮总量的20%～30%。

3.酸凝乳　是水貂良好的蛋白质饲料，但我国利用的较少，国外应用较多。酸凝乳可替代动物性蛋白质30%～50%，可在日粮中占动物性蛋白质的50%～60%。

4.奶粉　是水貂珍贵的浓缩蛋白质饲料。饲喂时，需要先把奶粉放在30～40℃的温开水中搅匀，然后用清洁的水稀释7～8倍。奶粉要现用现冲，一般稀释后放置的时间不超过2～3小时，否则容易腐败变质。

5.蛋类　含有营养价值很高的脂肪、多种维生素和矿物质，具有较高的生物学价值。在水貂的准备配种期，供给种公貂少量的蛋类（每日10～15克/千克体重），对提高精液品质和增强精子活力有良好作用。哺乳期对高产母貂每日供给20克/千克体重蛋类，对胚胎发育和提高初生仔貂的生活力有显著作用。蛋类一定要熟喂，长期饲喂生蛋，水貂易发生皮肤炎和毛绒脱落等症。

孵化业的石蛋、照蛋或毛蛋也可饲喂水貂，但必须保证新鲜，并经蒸煮消毒。腐败变质的毛蛋或石蛋不能利用。喂量与鲜蛋大致一样。

三、植物性饲料的利用

植物性饲料包括各种谷物、油料作物的籽实和各种蔬菜，是碳水化合物的重要来源，也是能量的基本来源。常用的有玉米、糠、麸、豆类和水果蔬菜。植物性饲料是水貂日粮中的辅料，要求品质新鲜、不霉变、无杂质、无有害物质（如农药等）污染，搭配要合理，必须依照不同生产时期的日粮标准与动物性饲料合理搭配利用，才能提高适口性和营养价值。

（一）玉米 可占日粮植物性饲料的50%～100%。应磨成细粉熟制后利用，熟制方法以膨化最好，蒸、煮亦可。

（二）豆类 最多占日粮植物性饲料的30%，饲喂过多会引起腹泻和消化不良。加工、利用方法同玉米。黄豆含蛋白质、脂肪较高，可制成豆汁利用。

（三）糠和麸 糠、麸类更应粉碎成细粉，在日粮植物性饲料中拌匀利用。利用率较低，一般不超过日粮植物性饲料的10%。

（四）果蔬类 以叶菜类和块根、块茎类利用较多，叶菜和水果类宜生喂，块根和块茎生、熟喂均可。果蔬类利用率比较低，一般仅占水貂日粮植物性饲料的3%～5%。

四、添加剂饲料的利用

添加剂饲料用量很少，但营养作用很大。应采购质量可靠并在保质期内的合格产品。添加剂饲料一般不耐光、热，应妥善保管和严格按要求加工利用；利用时，一定要称量准确，临喂前添加在混合饲料中，并要搅拌均匀。注意添加剂饲料的理化特性及与其他饲料的拮抗关系，避免因拮抗饲料的存在而使添加剂失去作用。添加剂饲料中的益生素属活菌生态制剂，利用时要注意饲料温度不超过40℃，以防被灭活。

（一）维生素饲料

1. **维生素 A** 主要来源于鱼肝油、鱼类及家畜的肝脏。最低需要量，非繁殖期为 250～400 单位/千克体重·天，繁殖期为 500～800 单位/千克体重·天。

2. **维生素 D** 主要依靠鱼肝油、肝脏、蛋类、乳类及其他动物性饲料提供。最低需要量为 10 单位/千克体重·天。通常只要饲料新鲜，就不需要另外添加。但在繁殖期和幼貂生长期，对维生素 D 需要量增加，可适当添加一部分；在光照充足的环境下，对维生素 D 的需要量少，而在阴暗的棚舍需要量高。

3. **维生素 E** 多种谷物胚芽和植物油含有维生素 E，如小麦芽、棉籽油、大豆油、小麦胚油和玉米脐油等。维生素 E 对水貂性器官的发育有良好作用。需要量一般是 3～4 毫克/千克体重·天。妊娠期日粮中不饱和脂肪酸含量高时，用量可增加 1 倍。如果日粮中含脂肪过高时，最好添加维生素 E 制剂；日粮中含脂肪低时，应添加新鲜的植物油。

4. **维生素 B_1** 富含维生素 B_1 的饲料有酵母、谷物胚芽、细糠麸等，肉类、鱼类、蛋类、乳类也含有一定量，蔬菜和水果中含量较少。需求量为 0.26 毫克/千克体重·天。一般在日粮中，只要保证肉类、鱼类、谷物粉和蔬菜质量新鲜，基本能满足需要。但由于维生素 B_1 是水溶性维生素，在饲料贮存或加工过程中损失很大，所以需经常采用添加酵母或维生素 B_1 制剂来补充。

5. **维生素 B_2** 动植物性饲料中均含有维生素 B_2，含量最丰富的饲料有各种酵母、哺乳动物的肝脏、心脏、肾脏和肌肉等，鱼类、谷物、蔬菜中含量较少。需要量一般从日粮中能得到满足，除繁殖期补加少量精制品外，日常不需另外补充。常用的添加量为准备配种期 0.2～0.3 毫克/千克体重·天，妊娠和哺乳期 0.4～0.5 毫克/千克体重·天。

6. **维生素 C** 在各种绿色植物中含量丰富，而肉类、鱼类和谷物饲料中几乎没有。对水貂供给 30～40 克/千克体重·天的青绿蔬菜,加上体内合成部分,一般不会缺乏。但在妊娠和哺乳期,特别是北方地区,用得多是贮藏蔬菜,维生素 C 丧失大部分,所以要注意维生素 C 制剂的添加。一般在妊娠中期添加量为 10～20 毫克/千克体重·天。如果在产仔期发现了红爪病,除全群投维生素 C 外,还要添加 60 毫克维生素 B_1 和维生素 B_2。

(二)矿物质饲料

1.钙、磷添加剂 常用的有骨粉、蛎粉、蛋壳粉、骨灰、白垩粉、石灰石粉、蚌壳粉、三钙磷酸盐等。幼貂对钙的需要量占日粮干物质的 0.5%～0.6%,磷占 0.4～0.5%。日粮中钙、磷的含量一般能满足需要,但钙与磷的比例往往不当,特别是以去骨的肉类、肉类副产品、鱼类饲料为主的日粮,磷的含量比钙高。为使钙、磷达到适当的比例,应在上述的肉类副产品中添加骨粉或骨灰 2～4 克/千克体重·天,鱼类饲料中添加蛎粉、白垩粉或蛋壳粉 1～2 克/千克体重·天。

2.钠、氯添加剂 食盐是钠和氯的主要补充饲料。单纯地依靠饲料中含有的钠和氯,有时会不足。因此要以小剂量(0.5～1 克/千克体重·天)不断补给,才能维持正常的代谢。但在饲养中经常出现由于添加或饲料中含有的食盐量过多而引起中毒现象。

3.铁添加剂 在饲养中,当大量利用生鳕鱼、明太鱼时,会造成水貂对铁的吸收障碍,产生贫血症。因此,常使用硫酸亚铁、乳酸盐、枸橼酸铁等添加剂来补充。幼貂生长期和母貂妊娠期对铁的需要量增加。为了防止贫血症和灰白色绒毛的出现,每周可投喂硫酸亚铁 2～3 次,每次喂量 5～7 毫克/千克体重。

4.铜添加剂 水貂日粮中缺铜时,也能发生贫血症。但水貂对铜的需要量,目前研究的还很不够。美国和芬兰等国,在配合饲料中铜含量为 0.003%,日本的水貂用矿物质合剂中含铜 1%。

5.钴添加剂 钴在水貂的繁殖过程中起一定作用。当日粮中缺乏钴时,会导致水貂繁殖力下降。通常利用氯化钴和硝酸钴作为钴的添加剂。在妊娠母貂日粮中添加 0.5 毫克/千克体重,可明显提高貂群平均产仔数。

(三)抗生素饲料 在水貂饲养中,当饲料不新鲜时,特别是在夏季,可适量投喂抗生素,如粗制的土霉素(每千克含纯土霉素 35～38 克)、四环素等,对抑制有害微生物繁殖和防止饲料腐败及预防胃肠炎有重要意义。土霉素添加量为成年貂 0.3～0.5 克/千克体重·天(相当于纯土霉素 10～20 毫克),最多不超过 1 克;断奶幼貂 0.2～0.3 克/千克体重·天(相当于纯土霉素 9～10 毫克)。

五、配合饲料的利用

(一)干配合饲料

1.配合饲料种类

(1)全价配合料 以优质鱼粉、肉粉、肝粉、血粉等作为动物性蛋白质的主要来源,配合谷物粉及氨基酸、矿物质、维生素等添加剂,通过工厂化工艺程序配置而成。分为颗粒状和粉末状 2 种。可直接饲喂动物。

(2)浓缩蛋白质饲料 又称蛋白补充料,以蛋白质饲料为主,配合部分添加剂预混料,能量饲料由使用者按适宜比例自行添加。

(3)添加剂预混料 单一或复合的微量、超微量营养物质(如维生素、微量元素等)加入稀释剂和载体,经机械充分混匀的混合物即为添加剂预混料。用量很小,但营养价值很高。

(4)代乳料 又称人工乳,主要用于哺乳期促进母貂泌乳,仔貂开食后促进生长发育,也可用于幼貂断奶初期。

2.干配合饲料利用原则

第一,干、鲜饲料混合搭配。由于水貂肠道较短,食物通过消化道时间较快,因此,干、鲜饲料混合搭配有利于提高适口性和干饲料的消化利用率。

第二,干(浸水后)、鲜饲料搭配比例适宜。一般繁殖期3~5∶7~5,非繁殖期5~7∶5~3。

第三,使用时需加水充分浸泡。浸泡时间夏季0.5小时、冬季1小时左右,不宜时间过长,水温不要超过40℃,加水量为2~3倍,不宜加水过多。

第四,使用应有过渡期。饲喂干配合饲料前5~7天要通过逐渐增料的适应过渡期,以防因饲料突变而引起消化不良等应激反应。

(二)鲜全价配合饲料　是用新鲜的动物性饲料原料,经科学组方合理搭配后直接绞碎,加入微量元素精制而成的全价配合饲料。它保留了原材料饲料的营养成分和生物活性物质不遭破坏,能满足水貂不同生长时期的营养需要,水貂喜食、适口性好,容易被饲养者接受,喂养的水貂能获得理想的生产能力和产品质量。世界水貂养殖水平较高的美国、丹麦、芬兰等国,均采用鲜配合饲料饲喂模式,所获得产品和种貂均列世界领先地位。我国近几年来才开始生产和使用新鲜配合饲料,有正规饲料厂家生产的,更多是养殖场自制,因此,质量差异较大,饲喂效果也不一样,特别是微生物超标常常导致水貂消化系统疾病的发生。

使用鲜配合饲料时应注意,一是饲料一定要新鲜,即现购现喂,切忌贮藏;二是鲜配合饲料饲喂前一定要有3~5天过渡期;另外,要严格按厂家的使用说明书饲喂。不同的厂家、生产不同型号或不同生产时期(阶段)的配合饲料,使用方法各异,所以不要自行做主滥用,尤其是不能将两个厂家生产的不同品牌的饲料混用。

第三节 水貂饲料的加工与调制

一、加工方法

水貂的饲料种类很多,质量差异也很大。因此,利用方式和加工方法也不同。通过加工,有利于提高日粮的品质和机体对饲料的消化利用,从而保证水貂的健康。常用的饲料加工调制方法有以下几种。

(一)切碎或绞碎 可以代替部分口腔咀嚼作用,使饲料适宜水貂的吞咽。例如,肉类和鱼类饲料可根据水貂个体的大小切成各种规格的肉块、肉丝、鱼块和鱼段等,或者绞制成鱼馅、肉馅、肉泥、鱼浆和肉浆等。果蔬和青绿饲料也可用上述方法加工。

绞制饲料一般在饲喂前 1 小时开始,不宜过早进行。绞制时一般先绞动物性饲料,然后绞谷物类饲料,最后绞果蔬类植物性饲料。由于饲料类别不同,要求绞碎的细度也不相同。动物性饲料不宜绞得太碎(绞肉机孔直径为 10 毫米左右),植物性饲料、添加的精补饲料(肝、蛋、精肉等)则应绞碎一些(绞肉机孔直径为 5 毫米左右)。

(二)粉碎和膨化 谷物和油饼类饲料通过粉碎后,便于多种饲料混合和熟制加工,有利于水貂采食和消化吸收。玉米和豆类最好是粉碎后再膨化利用。

(三)浸泡 可以使硬的籽实饲料和干动物性饲料(干鱼、鱼粉等)软化,便于水貂采食和消化。有些加盐的干动物性饲料经过浸泡,可以脱去部分盐分,同时能提高适口性。

(四)蒸煮 是饲料加工中常用的方法。有的饲料经过蒸煮后可以提高其消化率和适口性,有的饲料通过蒸煮可以起到消毒灭菌作用。

（五）发芽　谷物饲料发芽后不仅能提高适口性,而且能增加维生素的含量,特别是维生素 E 和维生素 C,如小麦芽、大麦芽、豆芽等。

二、调制方法

（一）准备程序　严格检查饲料加工用品、器械的卫生和安全性能,遇有异常情况及时维修处理;严格检查各种原料的质量,剔除个别质量不合格原料,遇有多量或多种饲料质量有问题时,应及时请示主管技术人员或场领导处理,不能盲目进行调制;严格按饲料配方规定的量准备各种原料。

（二）饲料调制程序　生喂、熟喂两类饲料分别调制。

生喂饲料冷冻的要事先缓冻,充分洗涤干净,拣出饲料中的杂质,特别是铁丝、铁钉等金属废品,以防损坏绞肉机。洗净和经挑选的生喂饲料置容器中摊开放置备用,严禁在容器内堆积存放,以防腐败变质。

熟喂的饲料按规程要求进行熟制加工,不论采取哪种熟制方法（膨化、蒸、煮、炒等）,必须熟制彻底。熟制方法以膨化效果最佳,蒸、煮、炒的效果不太好。熟制后的热饲料要及时摊开散热,严禁堆积闷热存放,以防腐败变质或引起饲料发酵。冷晾后的熟喂饲料装在容器中备用,注意不能和生喂饲料混在一起存放。熟喂饲料必须在单独的加工间内存放加工,未经熟制的生料不能存放在饲料调制间内,以防污染。

上述各种饲料准备好后,就可进行混合调制。首先把准备好的各种饲料,如鱼类、肉类、肉类副产品及其他动物性饲料、谷物制品、蔬菜和麦芽等,分别用绞肉机粉碎。如果貂群小,饲料数量不大,可把各种饲料混在一起绞碎,然后加入牛乳、维生素、食盐水等,并进行充分的搅拌,一定要搅拌均匀,加入水的量也一定要按规定量称量准确,不允许随意添加。调制均匀的混合饲料,即迅速按量分发到各群。

第四章　水貂繁育技术

　　水貂的繁育技术包括繁殖技术和育种技术。一个貂场即使有最好品种的水貂,如果不注意优良种貂的选育,长此以往由于近亲繁殖等原因,也会造成种貂的退化现象,这就是为什么在同一个貂场或不同的貂场,在相同饲养管理条件下,同一品种水貂皮质量、价格出现差异的原因。当然,如果一个貂场只注重育种,而不注重繁殖,最终就会导致水貂产仔数的减少,甚至是不产仔,从而无法获得皮张,影响经济效益。因此要办好一个貂场,向水貂索取最大的经济效益,就必须既要重视水貂的繁殖技术,又不能忽视水貂的育种技术。

第一节　水貂育种技术

一、选种技术

　　所谓选种,就是选择优良的个体留作种用,同时淘汰不良个体,这是积累和创造优异性状的过程。种貂的利用年限只有3年,3年以后繁殖力下降。所以,养貂场每年都要淘汰1/3种貂,再从仔幼貂中选择1/3的育成貂补充进种貂群。选留种貂是养貂场每年必须进行的一项工作。经过严格、科学地选留种貂,可以提高水貂的品质。忽视了这项工作,就会使貂群品质逐年下降,商品貂皮质量差,等级标准低,经济效益差。

　　(一)选种时期　水貂的选种一般分为初选(窝选)、复选和终选三个阶段进行。

　　1.初选(窝选)　即一年中的首次选种,一般在仔貂断奶分窝

(5月下旬至6月中下旬)时进行。

初选时老母貂主要以当年的繁殖成绩来选择,幼貂以仔貂生长情况及其祖先品质来选择。留种数应比年终计划留种数多30%左右,以备复选和终选时有淘汰余地。

2.复选 即一年中第二次选种,在秋分前后(9月下旬至10月上旬)抓紧进行。主要是根据对初选的种貂的秋季换毛时间早晚情况来进行选种,淘汰换毛时间延迟和换毛速度缓慢的个体。留种量应较计划留种数多10%左右,如预留种貂中淘汰个体较多,可从商品群中挑选优良者补充。

复选时对老种貂的要求应比幼貂更严格。

3.终选 即一年中第三次,也是最后一次选种,故称终选。一般在毛皮成熟后取皮前(11~12月份)进行。终选以种貂的毛皮品质和健康状况为主要条件。

终选应结合初选、复选情况综合进行,严格把握终选标准,宁缺毋滥。

(二)种貂选择的主要性状

1.体形和体质 种貂体形是个体生长发育情况的具体标志。一般种公貂应优选体形修长的大体格者,而母貂宜优选体形修长的中大体格者,母貂体格过大并不适宜留种。体质应视种类不同而相应选择,如美国短毛黑水貂、蓝宝石水貂等体质紧凑,宜选体质紧凑略疏松者留种,而银蓝色水貂体质疏松,因此应选体质疏松、皮肤松弛者留种。

2.毛绒品质 这是种貂选种的最重要性状,要求具有该类型的毛色和毛质的优良特征。毛色要求纯正无杂色;毛质要求绒毛丰厚、针毛灵活,分布均匀,且针、绒毛长度比适宜;被毛光泽性强;无弯曲、钩针等瑕疵。

3.出生日期 仔貂出生日期与其翌年性成熟早晚直接相关,因此宜优选出生早并换毛早的个体留种。

4.外生殖器官形态　异常者(如大小、位置、方向异常等)不宜留种。

5.食欲和健康　食欲是机体健康的重要标志,因此应优选食欲强的健康个体留种,患过病尤其患过生殖系统疾病的个体不宜留种。

(三)种貂品质的鉴定方法

1.个体鉴定　即对个体性状的表现型直接鉴定,适用于遗传力比较高的各种性状,如体重、体长、毛绒长度、毛色深度、出生日期、健康状况等。通过个体鉴定,如果选择的个体表现型能充分反映基因型的性状,同时这种性状又较少地受环境条件的影响,则会获得良好的效果。但对于遗传力低、受环境影响较大的性状,如产仔数等,此种鉴定和选择不会收到多大成效。

2.家系鉴定　又称同胞鉴定,即对每个家系(同胞和半同胞群体)的表型平均值的鉴定,适用于遗传力较低的性状选择,如繁殖力等性状的选择。因水貂是多胎动物,故此类鉴定在初选(窝选)时有重要作用。

3.系谱鉴定　即根据祖代和后裔的品质、性状比较,对亲代进行鉴定,故称后裔鉴定。优选后裔性状优良的亲代继续作种用。

(四)水貂的选种标准　成年水貂和幼龄水貂的选种标准分别见表 4-1、表 4-2、表 4-3 和表 4-4。

表 4-1　成年公貂选种标准

项　目	初　选	复　选	终选(精选)
首次交配时间	3 月 10 日前		
交配雌貂数	＞4		
精液品质	优		
与配雌貂产仔率(%)	90		
与配雌貂胎平均产仔数(只)	≥7		

续表 4-1

项　目	初　选	复　选	终选(精选)
年龄(周岁)	1～3		
秋季换毛时间		9月中旬	
秋季换毛速度		快	
毛绒品质			优
体　况	优	优	优
健康状况	优	优	优
后裔鉴定	优	优	优

表 4-2　成年母貂选种标准

项　目	初　选	复　选	终选(精选)
首次受配时间	3月10日前		
复配次数	1～2		
产仔日期	5月5日前		
胎产仔数(只)	≥7		
仔貂初生重(克)	9～11		
仔貂成活率(%)	≥90		
母　性	好		
泌乳力	强		
年龄(周岁)	1～3		
秋季换毛时间		9月中旬	
秋季换毛速度	快	快	优
毛绒品质	中等	中等	中上等
体　况	中等	中等	中上等
健康状况	优	优	优
后裔鉴定	优	优	优

表 4-3　幼龄母貂的选种标准

项　目	初　选	复　选	终选（精选）
出生时期	5 月 5 日前		
同窝仔水貂数	≥7		
断奶体重（克）	>350		
秋分时体重（克）		>950	
秋分时体长（厘米）		>37	
秋季换毛时间		9 月中旬	
秋季换毛速度		快	
毛绒品质		优	优
毛皮成熟			完全成熟
体　况	中上	上	上
健康状况	优	优	优
11 月份体重（克）			1100
11 月份体长（厘米）			≥38

表 4-4　幼龄公貂选种标准

项　目	初　选	复　选	终选（精选）
出生时期	5 月 1 日前	—	—
同窝仔水貂数	≥6	—	—
断奶体重（克）	>400	—	—
秋分时体重（克）	—	≥1800	—
秋分时体长（厘米）		≥43	—
秋季换毛时间	—	9 月中旬	—
秋季换毛速度	—	快	—
毛绒品质	—	优	优
毛皮成熟			完全成熟

续表 4-4

项　目	初　选	复　选	终选（精选）
体　况	中上	上	上
健康状况	优	优	优
11 月份体重（米）	—	—	≥2000
11 月份体长（厘米）	—	—	≥45

（五）选种注意事项

1. **综合选种**　选种是常年应注重的工作，3 次选种应分阶段重点进行，终选要综合初、复选进行。

2. **种貂群合理年龄构成**　种貂群年龄构成合理是确保高繁殖力和高遗传力的基础，应尽量增加繁殖性能可靠的老种貂的比例，成年种貂和幼年种貂比例以 7∶3 至 6∶4 为宜。成年貂超过 3 周岁时繁殖力一般都要下降，故 4 周岁以上老种貂要严格选留。

3. **严格掌握选种标准**　选择种貂必须严格把握选种标准，尤其老种貂要严于小种貂，不符合留种标准的个体一律严格淘汰，不能滥竽充数。

二、选配技术

选配是为了获得优良后代而选择和确定种貂个体间交配关系的过程。其目的是为了在后代中巩固和提高双亲的优良品质，创造新的有益性状。选配得当对繁殖力和后代品质有重要影响。其是选种工作的继续，也是育种工作中必不可少的一环。选配时应遵守以下四方面原则。

（一）品质选配

1. **同质选配**　选择在品质和性能方面都具有相同优点的个体交配，以期在后代中巩固和提高双亲所具有的优良特征。常用于纯种繁育和核心群的选育提高。表现型相似并不意味着基因相同,因此,同质选配不是近亲交配。然而,它既可以获得类似近亲交配的效果,又可避免近亲交配所出现的退化现象。

同质选配必须掌握的原则是,在主要性状尤其是遗传力强的性状上,公貂的表型值不能低于而要高于母貂的表型值,即公貂要作为改良者。这样才能使有益的经济性状在后代中得以积累和扩大,而且逐代提高。

2. **异质选配** 选择在品质和性能方面具有不同优点的个体交配,以期在后代中用一方亲本的优点去纠正另一方亲本的缺点,或者结合双方的优点创造新的优良类型。常用于杂交选育。

在进行异质选配时,必须掌握的原则是,在质量性状上,只能用一方亲本的优点去纠正另一方亲本的缺点,而不能用同一性状相反的缺点去相互纠正。在水貂生产中,通常采用群体选配,即把优点相同的母貂归为几类,然后为每类母貂选择适宜的公貂,共同组成一个选配群,在群内可以自由交配。

(二)亲缘选配

1. **远亲交配** 即祖系三代内无亲缘关系的个体选配,也称远缘选配,是一般繁殖过程中所要求尽量做到的选配。在水貂生产上,通常采用远亲交配。

2. **近亲交配** 指祖系三代内有亲缘关系的个体选配,通常是为达到特殊的育种目的,才使用的选配方式。一般生产群中应尽量杜绝近亲交配。

近亲交配往往招致繁殖力降低,后代生命力减弱,体质衰弱,体形变小,出现畸形怪胎,死亡率高等退化现象。血缘越近,退化程度越重。其根本原因在于遗传上有害隐形基因的纯合。血缘越近,纯合的速度越快、程度越高,这样就大大削弱了受精时所必需的生物学矛盾和基因的互补作用,这种表现型效应即为退化现象。

(三)年龄选配 不同年龄的个体选配对后代的遗传性有影响。由于成龄貂在体质发育上已达到高峰,而且经过至少1次繁殖力选择,一般来说繁殖力较高;而幼龄貂体质发育还未达到高峰,亦未经过繁殖力选择,故而繁殖力较低。因此,一般成龄公母貂个体间选配,成龄与幼龄个体间选配,更优于幼龄个体间的选配。

(四)体形选配 公貂体形要大于母貂体形,且宜大配大、大配中、中配大、中配小,不宜大配小和小配小。

三、种貂繁育技术

(一)纯种繁育 是在主要遗传性状的基因型相同、表现型大部分相同的种貂群中,进行同类型自繁并逐年选优去劣,选育提高的过程。其能使貂群毛色、毛绒品质、体形、体质、繁殖力和适应性等不断得到改善。当某种优良性状已基本达到育种指标,无须再进行重大改良时,即可称得上纯种繁育成功。纯种繁育是不断提高貂群品质和生产性能、防止退化的基本方法,也是培育新的良种的基础,所以在养貂生产中广泛应用。

纯种繁育不但适用于标准貂,而且也适用于彩貂。如果有足够数量的种貂,彩貂最好也采用纯种繁育,就是用具有相同毛色基因型和相同毛色表现型的公母貂自群繁殖,这样所得到的后代为纯合子,与双亲一致,有利于迅速扩大彩色水貂群和提高毛绒质量。特别是具有两对或更多隐性毛色基因的彩貂,如黄玉色、浅咖啡色、蓝宝石色、珍珠色等,纯种繁育能得到与亲本色型一致的后代,而且不易退化。进行纯种繁育时应注意以下四方面的问题。

一是尽量采用同质选配,巩固提高有益遗传性状的遗传力。

二是尽量采用远缘选配,减少近亲交配,以防退化和其他危害。

三是严格选种。对自繁后代要严格选种,选优去劣,一般淘汰率不应低于30%。

四是采用品系、品族繁育。所谓品系,是指以1只优秀公貂为系祖,采取远亲或近亲繁殖所获得的一群优秀后代;所谓品族,是指以1只优秀母貂为族祖,所扩繁的一群优秀后代。品系、品族形成后,不同品系、品族间再进行自群繁殖,这样不仅可避免近亲交配,还可以起到选育提高的良好作用。

(二)杂交繁育 是指采用2个或2个以上具有不同遗传类型和不同优良性状的种貂群交配,旨在获得杂交优势或新类型的繁育过程。

1.改良杂交 指引进优良种群对原有种群进行杂交改良。

引入的优良种群必须是纯种,必须采用级进杂交(图4-1)的方式。级进杂交中注意远缘选配,杂交后代要严格选种,选优去劣,杂交子三代之前的公貂不作种用,子四代后可开展横交固定。采取级进方式的改良杂交,是符合我国国情(多、快、好、省)、改良提高国产种群品质的捷径。

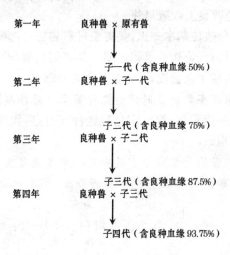

图4-1 水貂的级进杂交

2.彩色水貂的繁育规则　彩色水貂的毛色类型较多,进行繁育杂交时,多采用不同类型种貂间的杂交方式进行,即同种种貂的不同色型或同种不同属的种貂之间的杂交。

非育种和培育新色型彩貂,一般不采用不同基因型彩色水貂间杂交,否则会出现大量杂色后代,横交后又出现众多分离,降低经济效益。

为提高彩色水貂生活力和改善其血缘关系,可适当开展彩色水貂与标准水貂杂交,杂交后代再与亲本彩色水貂回交,以分离彩色水貂。这是提高彩色水貂生产性能的主要措施。

用彩色水貂与标准水貂杂交所分离出的彩色水貂,由于血缘较远,不但生命力和繁殖力提高,而且后代生命力和适应性也随之提高,繁殖成活率明显高于纯繁后代。

美国短毛黑水貂是改良提高国内水貂种群品质的最佳优良类型,尤其在毛色改良上收效最快。

不了解毛色遗传基本知识,凭想象对彩貂盲目选配,只能生产大量的杂合后代;无论作为黑褐色型还是彩貂色型,毛色都不正宗标准,有的甚至成了杂花皮,并不能提高经济效益。

(1)彩色水貂多数适宜同色型纯种繁育　显性基因纯合无胚胎致死和隐性基因彩貂,均宜同色型纯种繁殖,后代整齐一致,无其他杂色型出现。

(2)双隐性基因色型宜与含其中同一单隐性基因型色型杂交　子一代均为单隐性基因彩色水貂表现型,不出现其他色型,例如:

红眼白貂(ccbb)×咖啡色水貂(CCbb)→F_1 咖啡色水貂(Ccbb)

子一代回交时,出现分离现象,可获 1/2 双隐性基因色型和1/2 单隐性基因色型,例如:

红眼白貂(ccbb)×F_1 咖啡色水貂(Ccbb)→F_2 咖啡色水貂

（Ccbb50%）+F$_2$ 红眼白貂（ccbb50%）

子一代横交时,已出现分离现象,可获 1/4 双隐性基因色型和 3/4 单隐性基因色型,例如:

F$_1$ 咖啡色水貂（Ccbb）×F$_1$ 咖啡色水貂（Ccbb）→F$_2$ 红眼白貂（ccbb 25%）+F$_2$ 咖啡色水貂（Ccbb 75%）

这种繁育方法后代皆为彩色水貂类型,利于生产批量彩色水貂皮产品,增加经济效益。

（3）单隐性基因彩色水貂与标准水貂杂交　子一代均为表型黑褐色杂合水貂。例如:

标准貂（PP）×银蓝貂（pp）→F$_1$ 黑褐色（Pp）

子一代与亲代回交时出现分离现象,可分离出 1/2 亲本单隐性彩色水貂,例如:

银蓝貂（pp）×F$_1$ 黑褐色（Pp）→F$_2$ 黑褐色（Pp 50%）+F$_2$ 银蓝貂（pp 50%）

子一代横交时,毛色亦出现分离现象,分离出 1/4 亲本单隐性彩色水貂,例如:

F$_1$ 黑褐色（Pp）×F$_1$ 黑褐色（Pp）→F$_2$ 银蓝貂（pp 25%）+F$_2$ 标准貂（PP 25%）+黑褐色（Pp 50%）

（4）双隐性基因彩色水貂与标准水貂杂交　子一代也均为黑褐色杂合水貂,例如:

蓝宝石貂（aapp）×标准貂（AAPP）→F$_1$ 黑褐杂合（AaPp）

子一代回交时,出现毛色分离现象,表型黑褐色、组成双隐性基因的单隐性基因色型和双隐性基因型彩貂 4 种色型,各占 25%,例如:

蓝宝石貂（aapp）×F$_1$ 黑褐杂合（AaPp）→F$_2$ 黑褐杂合（AaPp 25%）+F$_2$ 银蓝貂（Aapp 25%）+F$_2$ 青蓝（aaPp 25%）+F$_2$ 蓝宝石貂（aapp 25%）

子一代横交时,会出现表型黑褐色、组成双隐性彩色水貂的单

隐性基因色型和双隐性基因型彩貂 4 种色型,其比例为 9：3：3：1,例如:

F_1 黑褐杂合(AaPp)×F_1 黑褐杂合(AaPp)→F_2 黑褐杂合(AaPp 9)+F_2 银蓝貂(Aapp 3)+F_2 青蓝(aaPp 3)+F_2 蓝宝石貂(aapp 1)

(5)双隐性毛色基因彩貂与无相同单隐性毛色基因彩貂间的杂交 子一代全部为黑褐色,例如:

蓝宝石貂(aaBBpp)×咖啡貂(AAbbPP)→F_1 黑褐杂合(AaBbPp)

子一代横交时,子二代出现 8 种表现型,其比例为 27：9：9：9：3：3：3：1,例如:

F_1 黑褐杂合(AaBbPp)×F_1 黑褐杂合(AaBbPp)→F_2 黑褐色(27)+F_2 青蓝色(9)+F_2 银蓝色(9)+F_2 咖啡色(9)+F_2 蓝宝石(3)+F_2 亚麻蓝(3)+F_2 依立克(3)+F_2 冬蓝色(1)

子一代与双隐性基因亲本回交,子二代出现 4 种表现型,各占 25%。例如:

蓝宝石貂(aaBBpp)×F_1 黑褐杂合(AaBbPp)→F_2 黑褐色(25%)+F_2 蓝宝石(25%)+F_2 银蓝色(25%)+F_2 青蓝色(25%)

子一代与单隐性基因亲本回交,子二代出现两种表现型,各占 1/2,例如:

咖啡色(bbPPAA)×F_1 黑褐杂合(BbPpAa)→F_2 黑褐杂合(50%)+F_2 咖啡色(50%)

(6)标准水貂与一对或一个显性基因的彩色水貂杂交 标准水貂与显性白水貂杂交,子一代表现型为黑十字水貂;标准水貂与黑十字貂杂交,子一代出现 2 种表现型,各占 1/2。例如:

显性白水貂(SS)×标准水貂(ss)→F_1 黑十字水貂(Ss)

F_1 黑十字水貂(Ss)×标准水貂(ss)→F_2 标准水貂(ss 50%)+F_2 黑十字水貂(Ss 50%)

（7）美国短毛黑水貂毛色遗传　美国短毛黑水貂毛色性状亦为显性遗传，其基因型有纯合（JJ）和杂合（Jj）2种。其与标准水貂杂交效果如下：

纯合型美国短毛黑水貂（JJ）×标准水貂（jj）→F_1杂合型美国短毛黑水貂（Jj）

杂合型美国短毛黑水貂（Jj）×标准水貂（jj）→F_1杂合型美国短毛黑水貂（Jj 50％）＋F_1标准水貂（jj 50％）

当F_1级进杂交时，效果如下：

纯合型美国短毛黑水貂（JJ）×F_1杂合型美国短毛黑水貂（Jj）→F_2纯合美国短毛黑水貂（JJ 50％）＋F_2杂合美国短毛黑水貂（jj 50％）

杂合型美国短毛黑水貂（Jj）×F_1杂合型美国短毛黑水貂（Jj）→F_2纯合美国短毛黑水貂（Jj 25％）＋F_2杂合美国短毛黑水貂（jj 50％）＋F_2标准水貂（Jj 25％）

四、建立育种核心群

以育种为目的，把种群中最优良的个体集中在一起，所组成的优良种貂群，被称为育种核心群。加强育种核心群的繁育，是稳定和提升种群品质的有效和便捷手段。在引进国外优良种貂日趋困难的情况下，利用自身种质资源，自力更生选育良种貂，是更适于中、小型养殖场（户）的育种方式。

（一）育种核心群的组成　育种核心群种貂来源于育种群中精选的特别优秀的个体。育种核心群水貂数量一般仅占种貂数量的20％～30％。要坚持选种标准，不宜放宽或降低选种标准，才能使双亲的优良品质得以继承、巩固和提高。对于种貂的个体鉴定，不应只注意繁殖率、护仔性、育成率等繁殖指标，更要强调毛绒品质。例如，美国原种短毛黑水貂和改良新类型水貂应优选体形大、繁殖力高、毛皮品质优良、遗传性稳定、适应性强等优良特征的种貂组成育种核心群。

（二）育种核心群的繁育

1.纯种繁育　育种核心群种貂优良遗传性状已相近和稳定，因此，必须进行自群纯种繁育。在选配过程中要注重同质选配，尤其要注重特别优秀的公母貂之间的同质选配。公貂的品质性状要优于母貂。在选育过程中要根据后裔鉴定和同胞鉴定的结果，优选遗传性能强的种貂及其后裔扩充育种核心群。严格淘汰遗传性能不稳定的老种貂及其后裔。幼貂的淘汰率不低于50%。

2.品系、品族交叉繁育　不同的品系、品族形成之后，再通过品系、品族之间交叉远血缘选配扩繁，来加快育种核心群的选育速度，同时还能起到提高后代生命力和提纯复壮的作用（图4-2）。

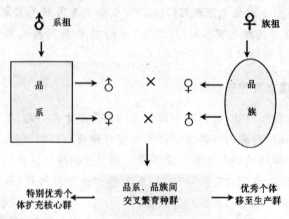

图4-2　品系、品族同交叉繁育示意图

（三）育种核心群的管理　育种核心群要选派素质较高的饲养人员专人管理，种貂系谱必须准确明晰。对育种核心群种貂组成实行动态管理，优选遗传性状好且遗传力高的个体组成，严格选择，宁缺毋滥。育种核心群淘汰的个体，其品质高于生产群时，可移到生产群作种用。生产群中发现特别优秀的个体时,也可先移至育种核心群中,并严格考察其种用价值。要注意育种核心群中,优良遗传性状的变化,尤其出现有益性状时,应及时进行选育提高。

第二节 水貂繁殖技术

饲养水貂的目的就是要多产仔,多生产优质毛皮产品,提高生产效益。因此,只有掌握水貂的繁殖技术,搞好繁殖工作,才能达到饲养水貂的目的。水貂的繁殖过程主要包括繁殖准备和繁殖实施两个阶段,本章主要介绍繁殖实施阶段即配种、妊娠和产仔哺乳期的技术。

一、配种技术

(一)水貂的繁殖习性 水貂是季节性繁殖动物,在每年2月末至3月中旬发情交配;妊娠期差异较大,平均47天±1天;4月下旬至5月中下旬为产仔期,每胎产仔4~8只。幼龄水貂7~9个月龄性成熟,所以,在正常饲养情况下,所选择的幼龄种貂在翌年发情配种期都应达到性成熟。种貂有效利用期3~5年,成年母貂翌年的再繁殖受上一年产仔后体况恢复情况的影响,体况恢复不佳,特别是秋季换毛时间推迟者,翌年发情配种延迟,繁殖力下降。

母貂有3~5个发情周期,每个发情周期在公貂强制交配刺激下都可排卵,最多排卵8个。母貂成功受配后,无论交配得早与晚,即不管是哪一个发情周期的受精卵,都要在春分以后才能够着床发育。

(二)发情鉴定技术 在发情配种期要对公母貂进行发情鉴定,特别是要对每只母貂做好发情鉴定,掌握其发情周期的变化规律,使发情的公母貂得到及时交配,才能提高母貂的受配率及受孕率,提高繁殖效果,同时也可避免公貂的体力消耗和公母貂的伤亡。

1.种公貂发情鉴定 种公貂发情与睾丸发育状况直接相关,通过检查睾丸发育,可预测其配种期发情情况。种公貂在12月份,睾丸比静止期大1倍以上。公貂两侧睾丸发育正常,互相游离,下降到阴囊中,配种期来临前均能正常发情。取皮期就应进行检查,以便淘汰睾丸发育不良的公貂。

种公貂在配种来临前,对母貂的异性刺激有性兴奋行为,会发出"咕、咕"的求偶叫声,是正常发情和有性欲的表现。

2.种母貂发情鉴定 种母貂应于12月底、翌年1月底和2月底至少进行3次发情检查,配种期根据需要随时进行。配种前进行发情鉴定,有助于了解种貂群发情进度,既便于配种期安排交配顺序,又能及时发现准备配种期饲养管理中存在的问题。种母貂正常情况下2月底时至少都应发情1次。

种母貂发情鉴定主要方法有行为表现、外生殖器官形态观察、阴道细胞图像观察和放对试情4种方法。有条件的貂场应将4种方法结合起来综合判定,但以外生殖器官形态观察为主,以阴道细胞图像观察为辅,以试情为准。

(1)行为表现 母貂频繁出入小室,有时伏卧笼底爬行,磨蹭外阴部,有时发出叫声,排尿频繁,尿呈淡绿色(平常白黄色)。

(2)外生殖器官形态观察 手戴厚棉手套捕捉母貂,抓住其尾巴,头朝下、臀朝上保定,观看母貂外生殖器(阴门)的形态变化。

①静止期 阴毛闭拢呈束状,外阴不显。

②发情前期 阴毛分开,阴门显露;阴门逐渐肿胀外翻,阴蒂显露;阴门黏膜色泽红润;稀薄的黏液分泌物逐渐增多。

③发情期 阴门肿胀、不再外翻,阴门色泽开始变淡,黏膜开始皱缩,分泌物开始减少并变得浓稠。

④发情后期 阴门肿胀、外翻明显回缩,色泽变得灰暗,黏膜

亦明显皱缩,分泌物干涸。

发情期是放对配种的最佳时机,公母貂易达成交配。

(3)阴道细胞图像观察　将吸管或玻璃棒插入母貂阴道吸取分泌物,置于载玻片上,在 200～400 倍显微镜下观察。

①静止期　仅见到小而圆的白细胞,碎玻璃状的角化上皮细胞没有或极少。

②发情前期　角化上皮细胞逐渐增多,白细胞逐渐减少。

③发情期　有大量的角化上皮细胞,基本上看不到白细胞。

④发情后期　角化细胞崩解或聚拢,又可见到较多的白细胞。

(4)放对试情　将母貂放入试情公貂笼中,依据母貂的性兴奋反应来鉴别发情。

①发情前期　母貂拒绝公貂捕捉和爬跨,扑咬强行爬跨的公貂,或爬卧笼网一角,对公貂不理睬。

②发情期　母貂不拒绝公貂爬跨,被公貂爬跨时表现顺从温驯,尾翘起。

③发情后期　母貂强烈拒绝公貂爬跨,扑咬公貂头部或臀部。

放对试情时要注意,应选择有性欲、性情比较温和的公貂作为试情公貂。放对试情的时间不宜过长,达到试情目的后要及时分开。经试情确认母貂已进入发情期,要抓紧时间让母貂受配。

(三)配种方式　母貂进入发情期后要适时初配、复配,才能确保交配质量,以提高受胎率。

1.配种方式　各地区水貂发情配种开始的时间有差异。如 3 月 1 日开始配种,3 月 7 日前为初配阶段;3 月 8 日后为初、复配并进阶段。一般常用的配种方式是,在 3 月 1 日至 3 月 7 日发情的母貂,在初配阶段初配 1 次,待其 3 月 8 日后再次发情时,再复配 1～2 次。3 月 8 日以后发情并初配的母貂,连日或隔日复配 2 次(连续复配),就结束配种。下面介绍不同规模养貂场的配种过程:

(1)万只种貂以上貂场　公貂按 1∶5 比例搭配置于母貂中

间,母貂不做发情鉴定,公貂不训练,只做睾丸检查。初配在2月28日(山东)或3月5日(黑龙江)开始。配种原则是,先配经产母貂,后配小貂,配上的隔8天后复配(例如3月1日初配成功的,3月10日再复配),配2次就结束配种。

(2)千只种貂以上貂场 公貂按1∶5比例搭配置于母貂中间,有条件的做发情鉴定,但不做角化细胞检查。配种原则是,先配经产母貂,后配小貂,初配时天明就将母貂抓入公貂笼内,1小时后检查,配上的8天复配1次,配2次结束配种;配不上,第二天再配,直至配上。

(3)100只以上种貂的散户 养殖条件虽差,但多是户主亲自操作;养殖数量虽少,但时间充足。公貂按1∶5比例搭配置于母貂中间,采用外阴检查法进行发情鉴定。对2月28日至3月8日完成初配的母貂,复配时采用连续2次配种的方法就结束配种。

2.配种注意事项 公、母貂放对后要注意观察交配行为,特别要注意公貂交配中经常出现假配行为,应注意识别。

(1)真配 公貂后裆部弯曲与母貂后臀部长时间不脱离,即使翻滚或躺倒时亦不分开;继而可观察到公貂两眼迷离,后肢强直,紧紧拥抱母貂的射精动作,母貂伴有"嘎、嘎"的低吟声时,可确定为真配。真配的时间至少持续5分钟以上。交配结束后母貂阴门红肿。

(2)假配 公貂后裆部不能较长时间与母貂后臀部紧密接触,翻滚或躺倒时公貂后躯即伸直,两眼发贼,看不到射精动作,此为假配。查看母貂阴门无交配过的红肿现象。

(3)误配 公貂阴茎误插入母貂的肛门内,母貂因疼痛而发出刺耳尖叫声并拼力挣脱,此为误配。查看母貂肛门可见红肿或出血现象。

发现误配和假配时,要及时更换公貂与母貂交配。

母貂经3天放对,已被公貂爬跨,但未交配成功时(母貂可能已排卵),要停止放对配种,待下一发情周期时再放对交配。

(四)种公貂的利用技术

1. **交配频率** 公、母貂适宜性比为 1∶4～5。配种初期日放对 1 次,复配阶段日放对 2 次,2 日内交配成功 3 次时要休息 1 天。

2. **种公貂利用率** 配种初期主要任务是训练公貂尤其是幼公貂学会交配,以便为配种旺期打好基础。公貂在配种的初配阶段,利用率就应达 85％以上。

训练公貂主要是选择性情较温驯的发情母貂与其放对。注意观察公貂的交配行为,只要公貂有性欲要求,每次放对交配行为逐渐正常和熟练,就应坚持训练。公貂学会交配以后,再配其他母貂就比较容易成功了。训练公貂交配的过程中要有足够的耐心和爱心,禁止粗暴地恐吓和扑打公貂。训练公貂时要特别注意防止公貂被母貂咬怕(公貂最怕头部被咬)或咬伤,否则,会使公貂发生性抑制而失去利用价值。

放对配种中要注意观察每只种公貂交配行为的特点,对交配速度快和母貂不站立、不抬尾也能交配成功的有特殊交配技能的公貂,要控制使用,以便专门用于难配母貂的配种。

3. **提高种貂放对配种的效率** 放对前 1 天就要做好计划。放对时优先给交配急切和交配成功率高的公貂放对。同日内既有复配又有初配母貂时,应当优先给需复配的母貂放对。

4. **注意择偶性** 公、母貂之间均存在不同程度的择偶性,有些个体表现出很强的择偶性。择偶性强的公貂应控制使用,择偶性强的母貂可通过多与公貂试情来选择合适配偶。

(五)种公貂精液品质检查 公貂精液质量好坏直接影响母貂受胎率的高低,因此配种期进行精液品质检查极为重要。检查过程中如果发现个别公貂精液品质不合格,则只淘汰个别公貂;若发现种群精液品质普遍下降时,要及时查明原因,加强饲养管理(补喂奶、蛋、肝等全价蛋白质饲料,补加维生素 A 和维生素 E)。

1. 检查方法　精液品质检查必须在室温 20～25℃ 的温暖室内进行。载玻片、吸管应预热至 37℃ 备用。在母貂结束交配后尽快将吸管或细玻璃棒插入母貂阴道内 5～7 厘米深,蘸取少量精液滴在载玻片上,置 200～600 倍显微镜下观察。

2. 检查项目　主要检查精子密度、精子活力和精子畸形率。

(1)精子密度　精液中精子密不可分呈云雾状为稠密;精子之间有 1 个精子的距离为稀薄;居两者之间为较密。精子稀薄的精液为不合格精液。

(2)精子活力　指呈直线前进运动的精子所占的比例。精子活力要求 0.7 以上,低于 0.7 为不合格精液。

(3)精子畸形率　精子畸形是指尾部弯曲、头部脱落和顶体脱落等不同于正常精子形态的异常精子。各类畸形精子比例超过 20% 的为不合格精液。

配种初期要注意种公貂精液品质检查。对第一次开对后精液品质检查不良的公貂,不应立即淘汰。因为每年配种期公貂第一次排出的精液质量普遍较差,也可能是公貂没有真正射精。只有经 3 次连续检查确认精液品质不良的公貂,才应立即淘汰,并将其交配过的母貂更换精液品质好的公貂及时补配。

二、水貂的妊娠及保胎技术

(一)妊娠的生理特点　妊娠母貂新陈代谢旺盛;喜静厌惊,活动减少,小心谨慎,喜卧于笼网上晒太阳;抗应激性降低,抗病力下降,易患消化道、生殖系统疾病。发生疾病往往会引起妊娠中断;饮欲增强,饮水增加。

水貂妊娠天数短则 37 天,长至 85 天,平均 47±1 天,实际妊娠期为 30±2 天,妊娠期不固定,变动范围极大是水貂妊娠最大特点。其原因是受精卵发育成胚泡后,不立即着床,而是在子宫内游离,即存在胚泡延迟植入的现象。

母貂通常在交配后 48～60 小时排卵,排卵后 12 小时内完成受精过程,形成受精卵。受精卵发育成胎儿至产出的发育过程如下。

1. 卵裂期 受精卵一面慢慢向子宫角移动,一面进行细胞分裂。一般在 6～11 天内经 5～6 次分裂形成桑葚胚,继而形成胚泡,然后胚泡进入子宫角。

2. 胚泡滞育期 胚泡进入子宫角后,由于子宫黏膜还未完全具备附植条件,胚泡并不立即附植,而是处于在子宫内游离的一个相对静止发育过程,通常持续 1～46 天后才能附植在子宫壁上。

水貂胚胎滞育期的长短取决于妊娠黄体的发育,而妊娠黄体的发育又与日照时数密切相关。随着春分后日照时数的逐渐增加,母貂卵巢上的妊娠黄体逐渐发育,随着妊娠黄体的发育,黄体分泌的黄体酮量不断增多,当黄体分泌的黄体酮量在母貂血液内积累到一定浓度(通常在 4 月 1 日到 4 月 10 日)时,子宫壁上形成子宫乳,胚泡就附植在子宫乳上开始胎儿阶段的发育,滞育期就此终止。因此,在配种季节里无论是水貂交配早与晚,其胚泡附植总是发生在春分后日照时间超过 12 小时,且日照时数持续不断增加的条件下。所以,在母貂交配后尽早人工有规律地增加日照时间,可缩短滞育期,降低受精卵的遗失率,提高产仔数。

3. 胚胎期 胚泡附植至胎盘迅速发育至胎儿成熟的阶段,通常为 30 天左右。胚胎期在 12 小时以上的长日照条件下,胚泡在子宫内膜上着床后,母体的子宫内膜与胚体的绒毛膜形成胎盘。这时,胚胎发育非常迅速,所有养料由胎盘吸取。仅仅 28～34 天的时间,就能从一个几乎看不见的胚泡,发育成重 8～10 克的胎儿。胚胎着床后,所有个体的生长发育速度大致相同,胎儿经 30±2 天出生。

(二)妊娠期阶段的划分 依据胚泡和胎儿生长发育特点,饲养上把水貂妊娠期划分为妊娠前期和妊娠后期。

1. **妊娠前期** 受配至 4 月上旬,胚泡处于滞育阶段。此期母貂对营养需要并不明显增加。

2. **妊娠后期** 水貂胚泡附植至分娩,是胎儿迅速发育的时期。此期母貂对营养需要明显增加,除供给母体自身营养需求外,还应保证胎儿生长发育和为产后哺乳所需储备的营养,因此,是全年各生产时期中最为重要的阶段。妊娠后期可见母貂腹围明显向两侧扩展。

(三) **保胎技术** 为使胎儿能正常生长发育,生产中应对母貂做好以下工作。

其一,要营造安全、安静和日照时间渐长的环境条件,勿用外源激素干扰其繁殖生理的正常规律。

其二,确保饲料品质新鲜,营养全价,适口性强,数量适宜。妊娠后期营养适当增加,主要增加优质动物性饲料。

其三,预防和及早治疗消化道、生殖系统疾病。

其四,供给充足洁净的饮水。

其五,做好产仔保活准备工作、特别是产箱保温工作。提倡水貂铁网围草,即使是温暖地区,絮草保温也不可缺少。

三、产仔保活技术

(一) **影响仔貂成活率的主要因素**

1. **初生仔貂的健康状况** 初生仔貂体重正常、健康,成活率才能提高。初生重低于 6 克的弱仔难以成活;初生重超过 12 克的仔貂,也会在娩出时发生窒息而死亡。初生仔貂健康无疾患才会有正常生活力,患红爪病、脓疱症等疾患时,生活力明显降低。初生仔貂胎毛干后体温升高时才具备吮乳能力。

2. **产箱温度** 仔貂初生时,产箱内宜保持温暖,35℃时仔貂生活力最强,20℃以上时,活力正常,低于 20℃活力下降,12℃时即假死,呈僵蛰状态。青岛农业大学的研究结果表明,分娩后1~5天仔貂死亡率高低主要受产箱温度高低的影响,以分娩当天产箱温度最低,死亡率最高,为5.61%,以后各天随着产箱温度逐渐升高,死亡率逐渐下降,至分娩后3~4天产箱温度超过12℃时,死亡率为0。分娩后1~5天的平均产箱温度逐渐升高,至第3~5天达到或超过12℃,达到或超过12℃时间的早晚主要受母性强弱的影响,母性强则产箱升温快,反之则慢。所以水貂产仔前一定要做好产箱保温工作,才能提高仔貂的成活率。

仔貂3周龄以后由于采食饲料和运动增强,产箱内宜保持自然温度。

3.母貂的母性 仔貂需要母貂护理才能成活,母貂母性不强会导致仔貂死亡。母性的发挥依赖于母体健康和泌乳正常。

4.母貂泌乳能力 母乳是仔貂3周龄之前的唯一食物。母貂无乳或缺乳会饿死仔貂,所以其泌乳量要充足。母貂的泌乳量和乳汁质量个体间有较大差异。

5.安静的环境 产仔哺乳期母貂易惊恐,若惊吓过度会出现叼仔、咬死仔貂、吃掉全窝仔貂现象,还会出现泌乳量减少,或不分泌乳汁、不哺育仔貂的现象。可使产仔哺乳期母貂受到惊吓发生异常反应的噪声主要有:快速走动、清理粪便、粗暴操作、高声喊叫、安装产箱、燃放鞭炮、机动车鸣喇叭、锣鼓声和爆破等,其中,快速走动、清理粪便、粗暴操作和高声喊叫对水貂的影响相对较小,生产上不会造成大的损失;而安装产箱、燃放鞭炮、机动车鸣喇叭、锣鼓声和爆破等强烈噪声对产仔哺乳期水貂危害严重。所以,产仔哺乳期应保持貂场安静。

(二)产仔保活技术措施

1.作好产仔准备工作 产前(主要是妊娠后期)加强饲养,一方面可以保证初生仔貂健康有较强的生活力,另一方面可以保证产后乳汁分泌充足,所以产前要充分保证母貂的营养需要,增加优质动物性饲料比例。在 4 月中旬做好产箱的清理、消毒及垫草保温等管理工作,特别是产箱的保温。用于保温的垫草要清洁、干燥、柔软,不易碎,以山草、软杂草、乌拉草等为好,稻草也可以,但要捣得松软,麦秸硬而光滑又易折碎,保温效果较差,不宜使用。絮草时要把草抖落成纵横交错的草铺,箱底部和四角的草要压实,中间留有空隙。

2.建立昼夜值班制度　产仔期要建立昼夜值班制度,值班人员主要任务是及时发现产仔母貂,对落地、受冻挨饿的仔貂和难产母貂及时救护,给产仔母貂添加饮水,并做好记录。

对落地冻僵的仔貂及时捡回,放在 20～30℃温箱内或怀内温暖,待其恢复活力,发出尖叫声后用产箱内的垫草揉搓其身体,然后送还母貂窝内。

3.适时检查母、仔貂　产后检查是产仔保活的重要措施,主要采取听、看、检相结合的方法。

听:就是听仔貂叫声。若仔貂很少嘶叫,嘶叫时声音短促洪亮,表明仔貂健康。

看:就是看母貂的采食泌乳及活动情况。母貂食欲越来越好,乳头红润、饱满、母性强,则说明仔貂健康;反之则说明仔貂不健康。

检:就是直接打开小室,将母貂诱出或赶出室外,关闭小室门后检查。健康的仔貂在窝内抱成一团,浑身圆胖,身体温暖,拿在手中挣扎有力;反之为不健康。检查时饲养人员最好戴上手套,手上不要有强烈异味(香脂、香皂、烟味等),否则仔貂身上沾染异味,会被母貂遗弃。

(1)首次检查　应在产仔母貂排出了食胎衣、胎盘的油黑色粪便后,天气晴朗温暖的时候进行。检查目的主要是了解母、仔貂健康状况及母貂泌乳和仔貂吮乳情况。仔貂鼻镜蹭得发亮,周边毛绒内沾染灰尘是已吮乳的迹象。如果身体温暖、腹部饱满,则为吃上初乳的迹象;如身体发凉、腹部瘦瘪,则为没吃上或没吃饱初乳的迹象,此时应进一步检查母貂乳头发育和泌乳情况。如发现母貂产后不吃食,应检查其恶露是否排完,如恶露不净,要及时注射催产素和抗菌消炎药物。

(2)重复检查　主要是"听"(听仔貂叫声)和"看"(看母貂行为),如发现母貂行为异常(拒食、少食、频繁出入产箱、不护理仔貂)或仔貂叫声异常(嘶哑、冗长)时应及时进行检查。复检主要目的仍是母貂健康、泌乳和仔貂健康、生长发育情况。

4.适时代养　当产仔母貂出现母性异常或泌乳异常,或母貂产仔数超过7只时,要及早对其所产仔貂进行寄养。要求代养母貂母性好、泌乳力强、同窝仔貂数少,且与被代养母貂产期相近(不超过2天)。代养时先用产窝内或笼底下的垫草把手搓擦一遍,不要让被代养仔貂身体上沾染手上异味。把被代养仔貂直接混入代养母貂窝内,或放在产箱门口,让代养母貂叼回均可。

5.检查仔貂生长发育和母貂泌乳情况　结合复检,定期检查仔貂生长发育和母貂泌乳情况,遇有大群仔貂生长发育滞后、母貂泌乳力不足时,要尽快查找原因,改善饲养管理。

6.保持环境安静、卫生　产仔母貂喜静厌惊,过度惊恐会引起其弃仔或食仔,故必须避免噪声刺激,谢绝参观。仔貂采食饲料后所排泄的粪尿,母貂已不再舔食,故必须搞好以小室为主的环境卫生,预防疾病。

7.及时分窝　仔貂30日龄以后,母仔关系疏远,仔貂间也开始激烈争食和咬斗,但此时母貂除回避和拒绝仔貂吮乳外,对仔貂还很关怀,遇有争斗时母貂进行调停。40日龄以后仔貂间、母仔间关系更加疏远,有时会出现仔貂间以强欺弱或仔貂欺凌母貂的现象,严重的甚至出现仔貂中强者残食弱者或仔貂残食母貂的行为。故一般应在仔貂40~45日龄时进行断奶分窝。

第五章　水貂各生产时期饲养管理技术

第一节　水貂各生产时期

一、水貂繁殖、换毛与日照周期的关系

水貂是季节性繁殖和换毛的动物,其繁殖和换毛有着严格的季节性,并且与日照周期的变化有很大关系(图5-1),依照日照周期的长短变化,完成不同的生理功能。只有长、短日照差异明显的地区才适宜水貂的繁殖。

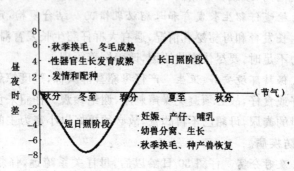

图5-1　水貂繁殖、换毛与日照周期的关系

（一）短日照生理效应　从秋分开始到春分,自然光周期的变化规律是,秋分这一天的日照时数为 12 小时,以后日照时数逐渐缩短;至冬至时白昼时间最短;冬至后白昼时间转为逐渐增加,但至春分前白昼时间仍短于黑夜,从秋分开始到春分日照时数均低于 12 小时。

水貂的性腺发育和冬毛成熟是从秋分开始的,即秋分这一天的 12 小时日照,是水貂性腺开始发育和脱夏毛、长冬毛的"扳机"信号;秋分以后随日照时数的逐渐缩短,水貂的冬毛逐渐生长发育,到 11 月下旬达到成熟;同时水貂的性腺也逐渐发育并于 2 月末达到完全成熟;到春分前(3 月初)当日照时数达到 11 小时以上时,水貂开始发情交配。由于水貂的繁殖和换毛是发生在秋分至春分这半年时间的短日照阶段,故水貂的性腺开始发育和脱夏毛长冬毛被称为短日照生理效应。

(二)长日照生理效应　从春分开始到秋分,自然光周期的变化规律是,春分这一天的日照时数为 12 小时,以后日照时数逐渐增加,至夏至时白昼时间最长;夏至后白昼时间转为逐渐缩短,但至秋分前白昼时间仍长于黑夜,从春分开始到秋分日照时数均高于 12 小时。

水貂的胚胎着床(妊娠)开始发育和脱冬毛长夏毛是从春分开始的,即春分这一天的 12 小时日照,是胚胎着床开始发育和脱冬毛、长夏毛的"扳机"信号;春分以后随日照时数的逐渐增加,水貂的冬毛逐渐脱落,夏毛逐渐生长,至 7 月上旬夏毛完成生长;同时卵巢上的黄体开始活跃,孕激素分泌量不断增多,子宫发生一系列变化,为胚泡植入和胚胎发育创造了适宜的条件。由于水貂的胚胎着床开始发育和脱冬毛、长夏毛是发生在春分至秋分这半年时间的长日照阶段,故水貂的胚胎着床和脱冬毛、长夏毛被称为长日照生理效应。

二、水貂各生产时期的划分

为了饲养管理上的方便,根据水貂一年四季不同生物学时期的生理变化和营养需要特点,可将水貂的年生产周期划分为几个不同的饲养时期(表 5-1)。但必须指出的是,水貂各个饲养时期是相互联系的,后一个时期均以前一个饲养时期为基础,不能截然

63

分开,如先配种的母貂有的已进入妊娠或产仔哺乳期,而后配种的母貂可能仍在配种期或妊娠期。

全年各生产时期都很重要,前一时期的管理失误会对后一时期带来不利影响,任何一个时期的管理失误都会给全年生产带来不可逆转的损失。但相对来讲繁殖期(准备配种期至产仔哺乳期)更重要一些,其中尤以妊娠期最为重要,是全年生产周期中最重要的管理阶段。

表 5-1　水貂的饲养时期

类别	月　份											
	1	2	3	4	5	6	7	8	9	10	11	12
成年公貂	准备配种后期		配种期	种貂恢复期					准备配种前期			准备配种中期
									冬毛生长期			
成年母貂	准备配种后期		配种期	妊娠期	产仔泌乳期	种貂恢复期			准备配种前期			准备配种中期
									冬毛生长期			
幼龄貂					哺乳期	生长期			冬毛生长期			

第二节　准备配种期饲养管理

准备配种期从9月中下旬开始到翌年2月末。该阶段水貂正处于脱夏毛、长冬毛并且冬毛逐渐发育成熟,性腺等性器官也逐渐发育并成熟,气候逐渐转冷并进入低温的寒冬。根据上述特点,水貂在该阶段内的营养需要特点是,首先要保持正常的生命活动的需要,其次是保证冬毛生长发育的需要,在此基础上,剩余的营养物质才能用来满足性腺等性器官发育的需要。而作为种貂,就是要通过准备配种期饲养管理,使其在配种前性腺等性器官达到完全发育成熟和有良好的体况,使其为配种奠定良好的基础。所以准备配种期饲养管理的中心任务就是,供给种貂充足优质的饲料,充分保证和满足水貂性腺等性器官发育的营养需要,同时调整好种貂体况,使其在配种前达到配种体况要求。

一、准备配种期饲养

(一) 准备配种前期 此期气候逐渐转冷,水貂性腺发育刚刚开始,全群正处于脱夏毛、长冬毛,成年貂夏季食欲不振,体况偏瘦,食欲开始恢复,幼龄种貂继续生长发育的时期。水貂从饲料获取的营养物质主要用于御寒、冬毛生长和性腺等性器官发育。所以较上一个时期(成年貂恢复期和幼龄貂育成前期)营养需求量增多。因此在饲养上应适当提高日粮标准,使水貂增加肥度。日粮总量为 350~400 克/天·只,其中总代谢能应达到 1250 千焦/天·只,粗蛋白质 25~30 克/天·只。要注意提高优质动物性饲料的比例(达到 70%),且品种要多样化。为促进冬毛生长,应供应富含蛋氨酸、胱氨酸的饲料,如动物肝脏、羽毛粉、鸡蛋和全鱼等,要注意增加维生素 A 和维生素 E 的持续补给和适当增加动物脂肪。

(二) 准备配种中期 此期气温较低,水貂性腺发育较快,获取的饲料营养多用于产生热量维持体温。所以此期的日粮标准应保持前期水平,其中动物性饲料必须达到 70%~75%,蛋白质含量要在 30 克/天·只以上,日粮中应增加少量脂肪,并添加鱼肝油和维生素 E 等。注意适当控制种貂体况,调整膘情,种貂既不能太瘦,又不能过肥。如果过瘦,到后期,损害的性器官无法恢复功能,水貂不能正常发情和配种;如果太肥,会影响卵细胞生成,导致繁

65

殖力下降。所以,种貂体况要适中,即壮而不肥,瘦而有肉。

11～12月份正是取皮季节,切不可只忙于取皮工作而忽视和放松对种貂的饲养管理,否则,对下年的繁殖势必产生不良的影响。

(三)准备配种后期　此期水貂性腺发育迅速,生殖细胞全面发育成熟,1月份公貂附睾内有精子储存,母貂已有发情表现。此期水貂体况容易上升,体重易增加。因此,饲养上的重点仍是调整日粮标准,控制体况过肥,使种貂达到配种前的适宜体况。

日粮要求:营养应均衡,营养价值要提高,热量要适当降低(稍低于前期和中期)。日粮总量为250克/只左右,其中总代谢能为1045千焦/只,粗蛋白质超过25克/只。日粮中动物性饲料占75%左右,且由鱼类、肉类、内脏、蛋类等组成;谷物饲料可占20%～22%,蔬菜可占2%～3%或更少。饲料中应添加催情饲料,如动物脑、大葱、松针粉等,以及鱼肝油1克(含维生素A 1500单位)、酵母4～6克、麦芽10～15克或维生素E 5毫克、大葱2克。

准备配种期大部分时间处于寒冷季节,为防止饲料冻结,便于水貂采食,一般日喂2次,饲料早、晚喂量比例为4:6。饲料加工时颗粒要大些,稠度要浓些,十分寒冷时最好用温水拌料,以减少水貂的能量消耗,节约饲料。

水貂准备配种期的日粮标准和日粮配合示例见表5-2。

二、准备配种期管理

(一)防寒保温,安全越冬　从9月中旬开始需在小室内增加垫草保温,以减少种貂抵御寒冷的热能消耗,减少疾病发生,利于安全越冬;并有利于增加仔貂的成活率。此外,垫草还具有刺激皮肤血液循环,加快换毛,刺激毛囊分泌油脂,使毛被光亮柔顺的作用。

表 5-2　水貂准备配种期的日粮标准

准备配种期		前　期	中　期	后　期
总代谢能（千焦）		1087～1250	1003～1045	1003～1045
各类饲料比例（％）	动物性	70	70	65～75
	谷物（膨化）	25	25	20～30
	蔬菜	5	5	5
蛋白质（克）		20～30	20～30	25～32（公）20～26（母）
脂肪（克）		10～15	10～15	8
麦芽（克）		8～15	8～15	10～15
酵母（克）		3～8	3～8	5～8
维生素 E（毫克）		1	1	1～2
维生素 A（单位）				1000
维生素 D（单位）				500
大葱（克）				1～2
动物脑（克）				5～10
鸡蛋（个）				0.5（公）

（二）提供适宜光照　由于水貂生殖系统发育成熟和交配是对短日照的生理反应，所以，秋分至冬至期间种貂可减少日照时数和降低光照强度，切不可人为延长光照时间，如日落后使用照明灯等；冬至以后当日照时长达到 11 小时 30 分时即开始配种，12 小时以后配种陆续结束。所以，为提高种公貂的性欲和延长发情期，可在配种前 1 个月采取控光措施，适当减少日照时数。

准备配种期采取适当的控光措施，对水貂生殖系统发育成熟和发情交配有一定的积极作用。但不当光照会抑制性腺活动，阻碍生殖系统的发育和成熟，造成发情紊乱、交配率低，大批失配。

因此,采取人工光照措施前,一定要充分了解和掌握水貂繁殖与自然光周期的关系,以及人工控光的详细方法,不要盲目进行。

（三）**异性刺激促进发情** 配种前1～2周应加强对种公貂的异性刺激,增强性欲,提高公貂的利用率。简便的方法是:将公、母貂互换笼舍穿插排列,每隔4～5只母貂放1只公貂,或将母貂装入串笼内放在公貂笼内或笼顶。但异性刺激不宜过早开始,以免降低公貂食欲和体质。另外也可2～3天向日粮中加入少许葱、蒜类有辛辣气味的饲料,也有类似异性刺激的作用。但应注意此类饲料不能当蔬菜来喂,否则会引起中毒。

（四）**调整种貂体况**

1.**体况调整的时间** 体况与繁殖力有密切关系,种貂拥有适宜的体况,才能发挥较高的繁殖力。而水貂的体况需要在准备配种期内调整,如此到配种期时才能达到适宜的体况。

种貂体况调整应分2个阶段进行。秋分(9月下旬)至冬至(12月下旬)之间,种貂体况应中等偏上;12月下旬至翌年2月下旬,种母貂要中等略偏下,公貂中等略偏上。

2.**体况鉴定方法**

(1)**称重法** 在1～2月份应每半月从种貂群中随机抽取10～20只种貂称重1次,取其平均体重。

中等体况母貂:银蓝水貂1201～1678克,平均1439克;短毛黑水貂1219～1651克,平均1471克。

中等体况公貂:银蓝水貂2477～2776克,平均2626克;短毛黑水貂2282～2770克,平均2526克。

如果抽查结果低于上述标准,则为过瘦;如果抽查结果高于上述标准,则为过肥。

(2)**目测法** 水貂体况可直接目测观察,每周鉴定1次。主要观察水貂的食欲、活动及站立时的体躯状态。采食迅猛,运动灵活自然,后腹部明显凹陷,脊背隆起,肋骨明显者为过瘦;食欲不旺,行动笨拙,反应迟钝,后腹部突圆、下垂者为过肥;食欲正常,运动灵活自然,后腹部较平坦或略显有沟者为适中。

(3)体重指数测算法　体重指数是指水貂的体重(克)与体长(厘米)之比。研究结果表明,母貂的体重指数与繁殖力密切相关,体重指数适宜时,繁殖力最高。青岛农业大学的研究结果表明,体重指数短毛黑水貂为31～34、银蓝水貂为30.5～35时,繁殖效果最好。

3. 调整体况的方法　主要是通过食物种类、食量及运动量来调节。

(1)减肥方法　主要是减少日粮中脂肪给量、食量及增加运动量。如果全群过肥,一方面要降低日粮热量标准,去掉脂肪含量高的动物性饲料,但不可以降低日粮中动物性饲料的比例,同时要减少饲料总量,每周可断食1～2次;另一方面要经常逗引水貂运动,消耗体内脂肪。如果只是少数个体过肥,主要应减少饲料量,同时进行人工逗引增加其运动量。

(2)增肥方法　主要是增加日粮中脂肪给量、食量及减少运动量。如果全群过瘦,应提高日粮热量标准,适当增加动物性饲料的脂肪比例,增加饲料给量。如系少数个体过瘦,除增加饲料量外,还可单独进行补饲。同时对小室添足垫草,加强保温,减少能量消耗。

(五)做好配种期的各项准备工作

①根据选配原则,做出选配方案和近亲系谱备查表,制定出配种方案。

②准备好配种登记表(表5-3至表5-5)和配种标签。

③准备好各种用具,如捕貂手套、捕貂网、捕貂箱、串笼箱、显微镜等。

表 5-3 种公貂登记表

序号	貂号	出生日期（日/月）	体长（厘米）	体重（克）	毛绒质量	配种能力	父（号）	祖父（号）	外祖父（号）	母（号）	祖母（号）	外祖母（号）

表 5-4 种母貂登记表

序号	貂号	出生日期（日/月）	体长（厘米）	体重（克）	毛绒质量	产仔数（只）	父（号）	祖父（号）	外祖父（号）	母（号）	祖母（号）	外祖母（号）

表 5-5 母貂配种标签

序号	母貂号	体况	与配公貂					
			第一次交配时间	貂号	第二次交配时间	貂号	第三次交配时间	貂号

（六）其他工作 要经常清除笼舍的粪便和剩食，垫草要勤晒勤换，经常清理小室，做好卫生消毒工作。此外，应加强饮水，水貂

每天需水 30～90 毫升,每日应给水 2～3 次。

第三节 配种期饲养管理

3月份是水貂的配种期。饲养管理的主要任务是,确保发情母貂适时受配,保证交配质量,提高种公貂交配率和母貂受胎率。

一、配种期饲养

(一)日粮配合 配种期水貂性欲冲动和性活动加强,营养消耗较大,食欲自然下降,尤其公貂更为突出,容易造成急剧消瘦而影响交配能力。因此,日粮配合必须具备营养全价、适口性强、体积较小、易于消化的特点。日粮总量不应超过 250克/天·只。其中日粮总代谢能为 837～1047 千焦/只·天,粗蛋白质供给量为 30 克/天·只,日粮中动物性饲料应占75%～80%,主要应由鱼、肉、肝、蛋、脑和奶等组成。配种期水貂日粮配方见表 5-6。另外,对配种能力强和体质瘦弱的公貂,每天中午应单独补饲优质饲料 80～100 克,以保持其配种能力。种公貂补饲料配方见表 5-7。

表 5-6 配种期水貂日粮配方

总代谢能（千焦）	粗蛋白质（克）	动物性饲料(%)	谷物(%)	蔬菜(%)	饲料添加					
					鱼肝油（克）	酵母（克）	维生素 E（毫克）	维生素 B₁（毫克）	大葱（克）	食盐（克）
837～1047	30	70～80	20～28	1～2	1	5～7	2.5	2.5	2	0.5

表5-7　种公貂补饲料配方

鱼或肉（克）	鸡蛋（克）	肝脏（克）	牛奶（克）	兔肉（克）	谷物（克）	蔬菜（克）	酵母（克）	麦芽（克）	维生素A（单位）	维生素E（毫克）	维生素B$_1$（毫克）
20～25	15～20	8～10	20～30	10～15	10～12	10～12	1～2	6～8	500	2.5	1.0

（二）保持种母貂的繁殖体况　种母貂在配种期间体力消耗不如公貂大，交配受孕后，在3月份由于胚泡处于滞育期，受精卵并不附植和发育，营养消耗也不增加。因此，配种期种母貂仍应保持配种前的体况，防止发生过肥或过瘦现象，尤其是不能过肥，否则在妊娠期内不利于为其增加营养。如果配种期种母貂体况偏肥，则妊娠期必然形成过肥体况，这对繁殖力是很不利的。

（三）饮水　配种期必须保证水貂有充足而洁净的饮水，特别是配种结束后的公貂更为需要。

二、配种期管理

（一）合理利用公貂资源　选留的种公母貂的比例为1∶4，公貂数量略显不足，一旦有公貂由于各种原因不能参加配种，就会增加其他公貂的利用率，甚至造成母貂得不到交配，导致空怀，从而影响生产。因此合理利用公貂就显得格外重要。

当年的青年公貂初次交配时，由于缺乏经验，又较胆怯，也不善于捕捉叼衔母貂，故应选择发情良好、性情温驯的母貂作其配偶。放对时可以协助公貂衔住母貂颈部，同时消除惊扰和抑制性活动的因素。如果双方能和睦相处，即使暂时未达成交配，也不要立即抓走或频频更换母貂。配种初期争取让每只公貂尽快开始第一次交配，称之为"开张"。

成龄公貂开张较早，配种力强，在初配阶段应适当控制使用，以便到配种旺期发挥主力作用。如果配种初期使用过度，势必影响旺期复配而降低母貂产仔率。瘦公貂在配种前期交配力强、也应计划控制使用，配偶不宜安排太多。否则，配种后期无力完成复配任务。肥公貂一般开张较晚，但在配种前期不可轻易放弃培养，如果对其使用适当，可获收尾突击难关之功效。

对已开张的公貂，交配力强、体质健康的，可以适当提高其交配比例和交配次数；交配力低的，可以降低其交配比例和交配次数，但交配密度均不宜过大，并有计划地将母貂的配种落点集中安排在配种旺期。初配阶段，每只公貂每天只安排交配 1 次。复配阶段，每只公貂每天可交配 2 次，其间隔要达到 4 小时以上。

（二）母貂发情鉴定 采取观察行为活动表现、外生殖器官目测检查、阴道细胞图像观察和放对试情相结合的方法，准确进行母貂发情鉴定。以目测外生殖器官变化为主，以放对试情为准，准确把握种母貂的交配时机，才能使其得到及时交配，既降低了空怀率，又可减少由于不发情放对公母貂撕咬争斗所导致的伤亡。因此，放对前对母貂进行发情鉴定，是水貂繁殖生产中的关键环节之一。

（三）确保交配质量 配种时，认真观察公、母貂的交配行为，确认母貂真受配、假受配或误配，对提高母貂的受孕率极为重要。

放对交配时，可观察到公貂咬住母貂后颈部，前腿紧紧抱住母貂后躯腰部，能够控制住母貂后，公貂后腿及后腰部有抖动、摩擦现象，一段时间后，如见到公貂腰部拱起，身体弯曲几乎呈 90°直角，后腿紧紧用力，与母貂连接牢固，有时候会伴有母貂的一声叫声，可判断为交配成功。射精时，可见到公貂双眼迷离，后腿有往前送的动作。随后，公、母貂连在一起。整个交配过程，少则 20～30 分钟，多则 1 个小时以上。如见公貂紧紧抱住母貂，有射精动作，但是腰部拱起未成 90°而成锐角，此时公、母貂身体未发生连接，视为假配。

对确认假受配或误配的母貂,应尽快更换公貂进行补配。正常饲养条件下,母貂受配率应不低于 95%。

(四)淘汰不育公貂　配种开始后必须对公貂进行精液品质检查。检查遇有精液品质普遍下降,应及时查明原因,加强饲养管理,严格淘汰精液品质不良的不育公貂。

(五)对难配母貂的特殊措施　在配种旺期,一些母貂发情较好,但由于各种原因无法达成交配,即为难配母貂。对于这类母貂,在配种旺期由于忙于放对,无暇顾及,为避免空怀,应在闲暇时或补配阶段,针对不同原因,采取相应办法使之达成交配。

1. 被咬伤后拒配的母貂　多数因发情鉴定不准,急于求成,盲目放对,又遇到性情暴烈的公貂所致。对此必须暂停放对,待伤势恢复再发情时,找交配力强而性情温驯的公貂交配。如到配种后期确系发情又不能拖延时,可用普鲁卡因对咬伤部局部封闭,再行放对。

2. 性情凶猛拒配的母貂　发情而刁泼的母貂拒配,多数是因为以前频频放对,与公貂多次搏斗所致。因此根本的办法是掌握好放对时机,切忌盲目放对,作为临时措施,可找体大力强、善于驾驭的公貂交配。

3. 发情晚的母貂　对于到了发情期还不发情的母貂,可肌注 PMSG(孕马血清促性腺激素)100 单位或 HCG(绒毛膜促性腺激素)50～100 单位,并将其养在公貂邻舍,几天后即可放对配种。

4. 隐蔽发情的母貂　对外观上没有发情行为表现的母貂,可用阴道分泌物镜检和放对试情的方法做发情鉴定。如分泌物中含有大量多角形带核的鳞状上皮角化细胞,放对后表现温驯,虽然外阴无变化,亦属发情,可以放对。

5. 阴门狭窄的母貂　个别母貂内生殖器官发育正常,亦发情接受交配,只因阴门狭窄,公貂配不上。对此种母貂可用外科手术刀将阴门放大一些,待交配成功后,再行缝合。

6.不会抬尾的母貂　有的母貂发情良好,接受交配,只是不会抬尾,阻碍交配成功。对此可用细绳系于其尾端,将尾提向侧方,再放对交配。

(六)严防跑貂和错捉错放　配种期极易跑貂,故应加强笼舍修检和加固工作。场内应多设自动捕捉箱,以便及时捕捉跑出的种貂。在发情检查和放对的过程中亦应防止跑貂、错捉和错放。放对时应同时携带种貂的号牌。

(七)做好收尾工作　配种结束后应及时对种公貂进行筛选,及时屠宰取皮,以降低饲养成本。对准备翌年继续留种的优良种公貂,则应加强饲养管理,促进其体况的恢复。日粮标准仍按配种期的标准,待体况恢复后再转为恢复期的饲养。

第四节　妊娠期饲养管理

妊娠期是指母貂交配后至产仔前、胚胎生长发育的整个时期,是全年饲养管理的最重要阶段,是决定种貂繁殖成绩的最关键的生产时期。

妊娠期饲养管理的主要任务是,满足母貂和胎儿营养需要,调整好母貂体况,以期生产健壮仔貂,并为母貂产后泌乳创造良好的基础条件。

一、妊娠期饲养

母貂在妊娠期,尤其是胎儿发育期营养需要增加,除满足自身正常生命活动的生理需要,还要保证胚胎在体内生长发育的营养需要,同时,在妊娠后期还要为产后泌乳积存一部分营养物质,此外,妊娠期恰逢水貂脱冬毛、长夏毛,身体需要大量的能量和含硫氨基酸。因此,母貂在妊娠期需要大量的营养物质。饲料的供给应分阶段调整。

（一）日粮　妊娠前期，即 4 月上旬前，妊娠母貂营养不必增加，仍采用配种期的日粮标准；4 月中旬以后，采用妊娠期的营养标准（表 5-8 至表 5-10）。

表 5-5　水貂妊娠、泌乳期日粮营养标准

总代谢能（千焦）	蛋白质（克）	脂肪（克）	碳水化合物（克）
752～1086	27～35	6～8	9～13

表 5-9　水貂妊娠期日粮配比　（%）

原　料	鱼 类	肉 类	膨化料	蔬　菜	水	合　计
比　例	62.5	3	3.8	7	23.7	100
代谢能比	75	5	18	2	-	100

表 5-10　水貂妊娠期日粮配方

原　料	热量比（%）	比例（%）	日喂量（克）
海杂鱼类	75	64.11	234.33
膨化料	23	4.34	15.85
蔬　菜	2	7.20	26.32
水		24.34	88.96
鸡　蛋			8
奶　粉			4
酵　母			4
食　盐			0.5
羽毛粉			1
氯化钴			0.001
添加剂			0.4
鱼肝油			1500 单位
维生素 B_1			10 毫克

续表 5-10

原　料	热量比(%)	比例(%)	日喂量(克)
维生素 C			25 毫克
维生素 E 油			10 毫克

(二)饲料质量及加工要求

1.品质新鲜　妊娠母貂对饲料品质的新鲜程度要求很严,品质失鲜的饲料容易引起母貂胃肠炎并毒害胎儿,继而造成妊娠中断或流产。

(1)动物性饲料　必须有可靠的来源,且经兽医卫生检疫确认无疾病隐患和无污染。含有激素类的动物产品,如通过激素化学去势或肥育的畜禽,带有甲状腺的气管、性器官、胎盘等饲料,不能饲喂妊娠母貂;脂肪已出现氧化变质的及含有毒素的鱼等动物性饲料,不能饲喂妊娠母貂;冷藏时间超过 3 个月的动物性饲料,失鲜的蛋类、酸败的奶类饲料,不能饲喂妊娠母貂。

(2)谷物饲料　谷物潮结、发霉被真菌污染,或熟制不透时,不能用来饲喂妊娠母貂;蔬菜类饲料腐烂、堆积发热,或被农药等有害物质污染时,不能用来饲喂妊娠母貂。怀疑谷物饲料轻度发霉时,可添喂"毒去完"等制真菌添加剂予以预防。

(3)添加剂饲料　维生素类、矿物质、微量元素等添加剂饲料要质量可靠,过期、变质的产品不能用来饲喂妊娠母貂。

2.种类稳定　应制定和落实水貂妊娠期所用饲料的采购计划,各种饲料的数量和质量要保持稳定。饲料种类和质量的突然变化会影响妊娠母貂的食欲和采食,对妊娠造成不良影响。

3.营养价值完全　主要指保证全价蛋白质、必需脂肪酸和维生素、矿物质和微量元素的补给。

(1)保证全价蛋白质饲料的补给　瘦肉、鲜血、心、肝、奶类、蛋类均为全价蛋白质饲料,应占日粮动物性饲料的 20%～30%。

(2)保证必需脂肪酸的供给　必需脂肪酸只在植物油中含有，妊娠母貂日粮应少量添加植物油，以补充必需脂肪酸补给(2～5克)。

(3)保证维生素、矿物质、微量元素饲料供给　应按妊娠期营养需要保质、保量补给，注意贮存、加工过程勿受破坏。非水貂专用添加剂，如畜禽用添加剂不宜在繁殖期使用。

4.适口性强　通过对饲料品种的筛选，保证品质新鲜，通过对饲料的精细加工来增强日粮的适口性。如发现母貂食欲不佳，应马上查明原因，及时调整。

二、妊娠期管理

（一）适当控制体况　母貂妊娠期体况控制仍不能忽视，如不注意控制体况，很容易将母貂养肥，影响妊娠和分娩。妊娠母貂的体况应分阶段控制：妊娠前期(4月上旬前)仍应保持配种期的中等或中等略偏下的体况；妊娠后期至产仔前要达到中等或中等偏上的体况，这样才有利于发挥其高繁殖力。切忌在临产前把妊娠母貂养成上等体况，否则胎儿发育大小不均，难产增多，母貂产后无乳或缺乳，严重影响产仔和仔貂成活。

（二）保持环境安静　妊娠母貂胆小易惊，妊娠期要谢绝参观。饲养员要定群管理，减少噪声干扰，保持环境安静。

（三）产前产箱消毒和添加垫草保温　按预产期提前1～2周对产箱进行消毒(3%热碱水洗刷或火焰喷烧)，并加垫清洁、干燥、柔软的保温垫草，同时打开产箱的入口，让临产母貂熟悉和习惯产箱环境。

（四）及时观察貂群健康状况　母貂在妊娠期食欲旺盛，若出现拒食或有剩食现象，必须立即查找原因并及时采取措施，拒食持续2～3天就会发生部分胎儿被吸收或流产。因此，要求每次喂食前后都要仔细观察每只貂的食欲情况，并做好记录。

水貂粪便的形状、颜色是反映其健康与否的指标之一。正常粪便呈条状、褐色(以鱼类为主食的粪便色淡)。若粪便不正常,如持续腹泻也会发生流产现象。所以应每天观察 1 次粪便,除做好记录外,发现异常要及时投药治疗。

母貂妊娠后活动量明显减少,尤其是临产前由于腹围增大、腹部下垂,常卧于小室或运动场。每天应观察母貂的腹围增大情况及有无异常表现,如出现流产先兆或见笼底有血,应迅速采取保胎措施。

妊娠期正处于 4 月份,是各种疫病开始流行时期,所以要认真搞好卫生防疫工作。建立严密的饲料保管、加工和貂场的卫生防疫制度。各种食具、用具和运动场要定期消毒,保持清洁。

(五)合理喂食和饮水　喂食要定时、定量。妊娠前期可日喂 2 次,妊娠后期为使日粮全部被采食,可分 3 次投喂,早食喂 30%、午食喂 20%、晚食喂 50%。饮水盒内要保持有充足清洁的饮水,应经常检查水盒并补充饮水。

(六)禁止乱喂药　在产前和产后 1 周,禁止使用磺胺类药物,如磺胺嘧啶钠、磺胺甲氧噻唑钠、羧苯甲酰磺胺噻唑等。产后 2 周仔貂生长较快、母乳量下降时,可以在饲料中添加益生素类或速补类的促进剂促使有益菌生长繁殖,提高泌乳量。

(七)做好产前准备工作　刚产出的仔貂个体小,很容易从笼底的网眼中漏到地上而造成损失。因此,在母貂产仔前,应在笼网底上加垫一层密眼的垫网。不要等到母貂产仔后再加垫,那样会造成母貂惊恐。

第五节　产仔哺乳期饲养管理

对于一个貂场而言,从第一只母貂产仔开始到全群产仔结束称为产仔期,一般为 4 月下旬至 5 月中旬。产仔同哺乳紧密相连。

通常哺乳期要比产仔期延后 40～50 天。因此,产仔哺乳期饲养管理的中心任务是给母、仔貂创造正常生活所必需的环境条件,即正常的母性、充盈的乳汁、适宜的窝温、健康的身体和安静的环境,尽最大努力进行产仔保活。

一、产仔哺乳期饲养

(一)产仔母貂的日粮配合　产仔哺乳期的母貂,实际上是一部分妊娠,一部分产仔,一部分泌乳,一部分恢复(空怀貂),仔貂由单一哺乳分批过渡到兼食饲料,成龄貂全群继续换毛的复杂生物学时期。该时期是母貂营养消耗最大和体况逐渐消瘦阶段。日粮必须具备营养丰富全价、新鲜、稳定、适口性强、易于消化的特点。

母貂产仔后不再控制其日粮量,保证产仔母貂吃饱吃好。日粮标准可持续或略高于妊娠期水平。日粮的代谢能可按 900～1300 千焦供给,日粮中的鱼、肉、肝、蛋、乳等动物性饲料要达到 75% 以上。母貂产仔哺乳期日粮配方见表 5-11。日粮中应适当增加脂肪和催乳饲料(精肉、奶、蛋、肝、血等)有助于母貂泌乳。添加饲料(维生素、矿物质、微量元素等)应考虑到仔貂的需要,按妊娠期加倍量供给。此时期饲料加工要细,饲料调制要稀,绝对保证饲料新鲜。

表 5-11　母貂产仔哺乳期的日粮配方

饲　料	比例(%)	日喂量(克)
海杂鱼	35	105
肝	3	9
肉　类	15	45
牛　奶	10	30
动物内脏	7	21
血　液	5	15

续表 5-11

饲　料	比例(%)	日喂量(克)
蜜　糖	2	6
植物油	0.5	1.5
玉　米	11	33
水	10.5	31.5
果蔬类	1	3
食　盐		0.7
骨　粉		1
氯化钴		0.5 毫克
维生素 A		2000～2500 单位
维生素 E		200～250 单位
维生素 D		4 毫克
维生素 B_1		3 毫克
维生素 B_2		1.5 毫克
维生素 C		30 毫克
合　计	100	300

（二）**饲喂制度**　常规饲养一般日喂 2 次，最好 3 次。此外，对一部分仔貂还应给予补饲。饲料颗粒要小，稠度要低，但必须使母貂能衔住喂养仔貂。饲喂时，要按产期早晚、仔貂多寡合理分配饲料，切忌一律平均。

（三）**仔貂补喂**　对出生后数小时内因某种原因没吃上初乳的仔貂，可用牛、羊乳或奶粉经巴氏消毒后，加少许鱼肝油临时滴喂，然后尽快送给母貂抚养。由于家畜常乳缺少水貂初乳所富含的球蛋白、清蛋白和含量高的维生素 A 和维生素 C、镁盐、卵磷脂、酶、母源抗体、溶菌素等复杂成分，故单纯靠牛、羊乳哺喂幼龄仔貂是不易成活的。

对同窝数量多、20日龄以上的仔貂,在母乳不足的情况下,可用鱼、肉、肝脏、蛋糕,加少许鱼肝油、酵母进行补喂,每日1次。但不要全群普遍都喂,也不可1日多次饲喂,以防止仔貂吃饱饲料不再吮乳,造成母貂假性乳房炎(胀奶)拒绝护理仔貂。幼貂补饲料见表5-12。

表5-12 幼貂补饲料

饲　料	奶　粉	鸡　蛋	乳酶片	维生素 E	维生素 A
喂　量	10 克	14 克	0.2 片	3 毫克	250 单位

二、产仔哺乳期管理

(一)注意观察母貂产仔情况　母貂突然拒食1~2次,是分娩的重要先兆。如果拒食多次,腹部很大,又经常出入小室,行动不安,精神不振,蜷缩在小室中;在笼网上摩擦外阴部或舔外阴部;出现排便动作,且外阴部有血样物流出,表明母貂可能难产。发现母貂难产时,应采取相应助产措施,并做好记录。如果仔貂夹在母貂阴门处久娩不出,可将母貂抓住,依照母貂分娩动作,顺势用力把仔貂拉出;如果母貂产力不足,可注射催产素0.3~0.4毫克进行观察,待2~3小时后仍产不出仔貂时,要进行剖宫产手术。取出的仔貂经人工处理后代养。对术后母貂一定要加强护理。

(二)保持产箱卫生　哺乳初期仔貂粪便由母貂舔食,但从20日龄左右仔貂开始采食饲料以后,母貂不再食其粪便,而此时仔貂排便尚未定点,母貂还经常向小室内叼入饲料喂仔。因此产窝内会变得潮湿污秽,加之天气日渐炎热,各种微生物易于孳生。所以必须搞好产窝内的卫生,勤换垫草,及时清除粪便、湿草、剩饲料等污物。同时还要搞好饲料品质的卫生检查和食具的消毒工作,以避免发生各种疾病。

(三)哺乳后期注意母仔关系变化　产仔哺乳的前、中期,母仔关系非常融洽;而哺乳后期,由于母乳分泌减少,母仔与仔貂关系变得疏远和紧张。应随时观察这些行为变化,一旦出现母仔或仔貂之间发生敌对的咬斗行为,要采取适时分窝的措施,防止咬死、咬伤事故发生。

(四)及时分窝　分窝是指让仔貂离开母貂独立生活。适时分窝是指仔貂分窝后能独立生活,且生长发育不出现停顿或负增长现象。适宜的分窝时间在35～60日龄;生长发育正常者一般在40～45日龄。母仔关系已变紧张,同窝仔貂多且发生严重咬斗行为的,可提早一些(35日龄)分窝;仔貂发育滞后,但母貂母性尚好的情况下,可稍晚些(60日龄前)分窝。分窝前应做好仔貂分窝的笼舍、用品等准备工作。

(五)母源关系记录　仔貂分窝后要做好仔貂位置和其母源关系的记录,以防系谱错乱不清。

(六)仔貂分窝时的初选　仔貂分窝时要进行第一次母、仔貂选种,称初选或窝选。

第六节　幼貂育成期饲养管理

幼貂育成期是指仔貂分窝以后至体成熟(12月下旬)的一段时间。其中分窝至秋分(9月下旬)是幼貂体格迅速增长期,故又称幼貂生长期或育成前期;秋分至冬至是幼貂冬毛生长成熟的阶段,故对皮貂而言又称冬毛生长期或育成后期。育成前期饲养管理得好坏,直接影响到幼貂以后体形的大小;育成后期饲养管理得好坏,直接影响到以后皮貂冬毛的质量。所以幼貂育成期是决定种貂品质和毛皮产品质量的关键时期,必须依据育成期幼貂的生长发育规律进行合理的饲养管理。

作为种貂的幼貂在育成后期实际上是进入了准备配种期,其按准备配种期的饲养管理技术操作即可。

一、幼貂育成期生长发育的主要特点

幼貂从出生到冬毛成熟时的体重和体长增长曲线见图 5-2，

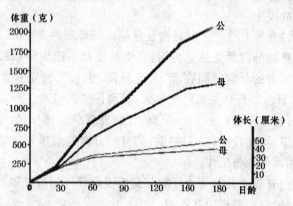

图 5-2　金州黑色标准水貂生长发育曲线

幼貂在育成前期内各月份体重增长见表 5-13。断奶后 120 日龄期间，体重、体长增长均最快，其中断奶后 40～80 日龄生长发育最快，特别是骨骼、内脏器官；而断奶 120 天后即育成后期，主要是肌肉、脂肪生长，及脱夏毛、长冬毛。

表 5-13　幼貂育成前期内各月份体重增长　（克）

色　型	日　龄							
	60		70		80		90	
	公	母	公	母	公	母	公	母
黑褐色貂	731	562	923	653	1106	717	1228	780
白色貂	551	485	753	593	902	657	965	710
蓝色貂	660	518	882	644	1031	687	1116	719
黄色貂	715	550	933	648	1049	692	1207	745

二、育成前期饲养管理

(一)育成前期的饲养

1.育成前期的饲养特点　育成前期是体形增长最快("撑大个")的时期,饲养的好坏直接影响以后水貂体格的大小、繁殖性能和皮张的张幅。日粮配合和饲喂时要遵循以下原则。

其一,保证蛋白质的供给及与能量的合理比例。如果能量偏高,影响采食量,造成蛋白质摄入不足,影响生长发育。

其二,保证矿物质元素和维生素的供给。骨骼的生长需要钙、磷等矿物质元素,营养物质的消化、吸收和利用也需要诸多维生素和微量元素的参与。

其三,刚分窝的头1～2周食量逐渐增加。应投喂营养丰富、品质新鲜、容易消化的日粮,喂量不要太多,以便幼貂适应饲料,食量逐渐增加,防止出现消化不良和消化道疾病。

其四,分窝半个月以后提高日粮量,以幼貂吃饱而不剩余为原则,不限制饲料喂量。幼龄貂吃饱的标志是喂食后1小时左右饲料吃光,且消化和粪便情况无异常。喂饲应尽量在早、晚天气较凉爽时进行。

2.日粮配合　幼貂育成前期营养标准见表5-14。日粮的配合比例为动物性饲料65%～75%,谷物10%～20%,蔬菜10%～15%,豆浆或水15%～20%。日喂量一般按300～400克/只,公貂较母貂约多30%。

日粮配合时一方面要注意蛋白质的含量和质量,用多种动物性饲料混合搭配,保证蛋白质的全价性,断奶初期10～23克/只;2～3个月龄时25～32克/只;另一方面要含充足的无机盐和必要的维生素,日粮中适当搭配兔头、兔骨架、鲜碎骨等(占动物性饲料的15%～20%),也可以补加骨粉1克/只,注意维生素A、维生素D和维生素B_1的补给。幼貂育成前期日粮配方见表5-15。

表 5-14　幼貂育成前期日粮营养标准

性别	代谢能 （千焦）	可消化营养物质（克）		
		蛋白质	脂　肪	碳水化合物
公	1500	20～35	8～12	15～18
母	900	15～20	8～10	13～15

表 5-15　幼貂育成前期日粮配比标准

配　比	鱼类 （%）	鸡肠 （%）	谷　物 （%）	蔬菜 （%）	水 （%）	合　计 （%）
比　例	36	24	37	3	—	100
重量比	34.45	13.61	7.8	22.09	22.05	100

添加饲料						
酵　母 （克）	羽毛粉 （克）	食　盐 （克）	维生素 A （单位）	维生素 E （毫克）	维生素 B₁ （毫克）	维生素 C （毫克）
3	1	0.5	1500	10	10	12.5

（二）育成前期的管理

1. 训练幼貂排便　幼貂分窝后从单笼饲养开始，应将粪便撮起一点，抹在其笼网的前部或前角处，这样分入该窝的幼貂就会将之当成"厕所"，养成在此处排泄粪尿的习惯。如个别幼貂仍在小室内排泄粪尿，可将小室内的粪尿多撮起一些放在笼网的前部，并关闭小室门 2～3 天，待其养成在室外排泄粪便的习惯后，再把小室门打开。

2. 适时窝选（初选）　结合断奶分窝，对母貂和幼貂进行全年第一次选种工作。后备种貂应集中在一起，编入复选群。被淘汰的貂应及时埋植褪黑激素（母貂在 6 月份，幼貂在 7 月上旬），冬毛 9 月上旬至 10 月中旬提前成熟。

3. 适时接种疫苗　幼貂分窝后的第三周（15～21 天）内，必须及时进行犬瘟热和病毒性肠炎疫苗接种,严防这两种传染病发生。不要漏注某种疫苗,更不要过早或过晚注射疫苗。接种的时间过早,因仔貂在哺乳期间从乳汁中获得了母源抗体,能中和疫苗而降低疫苗的免疫作用;接种的时间过晚,因仔貂断奶分窝3周后体内的母源抗体就会消失,此时如不及时接种疫苗,就会产生免疫空白期,容易感染疾病而发生疫情。

4.加强卫生管理,预防疾病发生　幼貂育成期正值天气炎热的时期,也是各种疾病的多发期。因此必须做好卫生防疫工作。搞好饲料室、饲料加工和饲养用具的卫生尤为重要,把住病从口入关。尽力避免水貂采食变质饲料,必须在采购、运输、贮存、加工等各环节上严把饲料品质关,消灭蚊蝇。要搞好貂棚、貂笼小室以及食具的清扫、洗刷和消毒。垫草要保持清洁干燥,除断奶晚和瘦弱的幼貂需延长放褥草的时间外,应在6月份全部撤除垫草。水盒应随时洗刷干净,保证清洁饮水。遇有阴天或气候突变时,要注意观察貂群的行为动态,及时发现病貂并加以治疗。

5.严防幼貂中暑　夏季炎热,尤其是遇到闷热无风天气时,要严防幼貂中暑发生。幼貂中暑后死亡率极高,高温还会抑制食欲,减少采食量,影响生长。应采取如下预防措施。①向笼舍地面洒水降温,中午和午后经常驱赶熟睡的幼貂运动,午间和午后最热的时间,要向地面上洒水,保证饮水。②早、晚喂食的时间尽量拉长一些,赶在凉爽的清晨和傍晚饲喂。早食喂完1小时后,要及时清理剩食,以防饲料变质。③棚舍两侧可张挂遮阳网,防止阳光直射笼舍。

6.抓住良机,作好观毛复选准备　种貂复选是在初选的种貂9月下旬被毛脱换最明显时期进行。幼貂秋季换毛情况是种貂复选重要依据。所以,进入8月份以后就要对幼貂脱毛早晚和快慢进行观察和记录,为复选提供依据。

三、冬毛生长期(育成后期)饲养管理

(一)冬毛生长期的饲养 冬毛生长期幼貂主要是肌肉、脂肪生长,换冬毛,各部器官系统尤其是生殖系统完全成熟的最后阶段,是决定毛皮质量的关键时期。饲养原则是提高日粮营养水平,供给足够的蛋白质和脂肪,以利于冬毛生长,并使毛皮增加色素和光泽。给饲量应以貂吃饱为原则,早饲要早,占30%;午饲要快,占20%;晚饲应推迟,占50%。幼貂冬毛生长期的日粮配方见表5-16。

表5-16 幼貂冬毛生长期的日粮配方

鱼肉类(%)	谷物窝头(%)	蔬菜(%)	水(%)	酵母(克)	食盐(克)	维生素 D(毫克)	维生素 B₂(毫克)	骨粉(克)	维生素 A(单位)	维生素 B₁(毫克)
45～55	15～20	12～15	15～20	2	0.4	30～40	0.5	1	300～400	0.5

注:1. 每日每只日粮总量350～400克;

    2. 鱼肉类中鱼类占75%,肉类占25%,或鱼、肉各半,鱼肉副产品不得超过鱼肉量的30%;

    3. 谷物窝头可由玉米面和豆面组成,比例为7:3

(二)冬毛生长期的管理

1. **防寒保温** 入秋后气候逐渐转冷,应注意做好冬季防寒工作。在入冬前,要修整好棚舍门窗,应特别注意垫草的管理。垫草不仅可以防寒、防潮、减少疾病的发生,而且有助于梳理被毛,对防止毛绒缠结,提高毛皮质量具有重要的作用。

2. **作好观毛复选** 9月下旬至10月上旬正是被毛脱换的最明显时期,也正是复选种貂的最佳时期。应对初选后的种貂观毛复选,选择换毛早、快及发育好的幼貂,即对光照周期变化敏感性强的个体留作种貂。

复选以后的种貂应进行阿留申病的检疫,然后转入种貂准备配种期的饲养管理,而被淘汰的幼貂则转入冬毛生长期的饲养管理。

3. 监测幼貂生长发育及冬毛成熟情况　幼貂育成前期要定期检测幼貂体重的增长情况,了解幼貂生长发育情况;幼貂育成后期则要定期观察冬毛生长成熟情况。如发现幼貂生长发育滞后或皮貂冬毛生长成熟缓慢,则应及时查找原因,并迅速加以纠正。正常饲养管理条件下,幼貂体重增长的标准见表5-17。

表5-17　幼貂平均体重指标　（单位:克）

时间(日/月)	1/7	1/8	1/9	1/10	1/11
公　貂	750	1130	1450	1605	2000
母　貂	570	730	890	940	1000

秋分以后要将皮貂养在棚舍光照度较低的地方(如北侧、树荫下),这有利于皮貂肥育和提高毛皮质量。皮貂在保证冬毛正常生长发育的同时,宜肥育饲养,以期生产张幅大的毛皮。肥育饲养的日粮要求是蛋白质水平适宜,但能量水平较高。

要及时清理水貂笼网上积存的粪便,以免玷污水貂毛绒,遇有被毛脏污、缠结时,要及时进行活体梳毛。

11月下旬以后水貂毛皮已逐渐成熟,应在取皮前做好各项取皮准备工作。

第七节　种貂恢复期饲养管理

种貂恢复期是指公貂结束交配、母貂结束哺乳后至准备配种期开始前的一段恢复时期。此期的饲养管理往往被饲养者所忽视,若饲养管理不佳,将直接影响到第二年的生产。因此,成年貂恢复期饲养管理的任务是,对留种的种貂要尽快恢复其在繁殖过程中消耗的体质,保证其种用价值,为下一年再生产打下良好的基础。

一、种貂恢复期饲养

公貂配种结束后,体力消耗很大,肥度下降,应在此阶段补充营养,使其尽快恢复体质。不可因忙于母貂妊娠期和产仔期的工作而忽视对公貂的饲养管理。若此时公貂营养不足,体质恢复较慢,则易出现疾病,可造成死亡或换毛晚和速度慢,翌年发情迟缓、发情不集中、性欲减退以及配种次数少,致使母貂空怀率高和胎产仔数少等。

母貂从配种结束到仔貂断奶分窝,一般要经历近3个月时间。期间母貂体力和营养消耗很大,体况下降,体质消瘦,抗病力降低,易发生各种疾病。为使其尽快恢复体况而不影响翌年的生产,应加强饲养,促其尽快恢复。

饲养上,公貂在配种结束后的20天内,母貂在仔貂断奶后的20天内,仍应喂给上一时期的日粮,20天以后再转喂恢复期日粮。恢复期的日粮标准和日粮配合比例见表5-18。

表5-18　恢复期成年貂的日粮标准

性　别	比例(%)			营养成分给量(克)		
	动物性饲料	谷物性饲料	果蔬类饲料	蛋白质	脂　肪	碳水化合物
公	60	32	8	16～24	3～5	16～22
母	60	32	8	13～20	2～4	12～18

二、种貂恢复期管理

(一)选种　母貂哺乳结束后立即进行选种,选择当年繁殖力高的公、母貂继续在翌年利用。其余的可淘汰取皮,以节省饲料,降低成本。

(二)检查种貂恢复情况　继续留种的种貂要集中在一起,以便于管理,注意及时发现和治疗所出现的疾患,并于配种前第二次接种疫苗。恢复期至秋分(9月下旬)时结束,秋分季节种貂已明显换毛,是恢复良好的体现;如换毛尚不明显,则应在准备配种期内加强饲养管理。

(三)处理淘汰的老种貂 淘汰的老种貂于6月份及时埋植褪黑激素,以便在9月底至10月上旬提前取皮。

第八节 利用褪黑激素诱导冬毛早熟技术

褪黑激素(Melatonin,MT或MLT)是一种主要由松果体细胞在暗环境下分泌的吲哚类激素(5-甲氧基-N-乙酰色氨酸),现已能人工合成并生产。大量研究资料表明:褪黑激素参与了对动物换毛、生殖及其他生物节律和免疫活动的调节,具有镇静、镇痛、调节生长和繁殖的作用。在水貂上主要用来诱导冬毛早熟。

一、褪黑激素作用原理

水貂被毛生长的周期性受光周期制约,其实质是通过松果体分泌的褪黑激素控制。长日照会抑制褪黑激素的合成,使分泌量减少;而当光照时间缩短时,就会减轻这种抑制,褪黑激素的合成量增多,分泌量也随之增加,从而诱发夏毛脱落,生长冬毛。因此,冬毛生长与褪黑激素水平密切相关。在夏季采用人工方法将外源褪黑激素埋植在水貂皮下,并且使褪黑激素逐渐释放出来,则会提高水貂体内的褪黑激素水平,起到相当于短日照的作用,从而使夏毛提前脱落,冬毛提前生长并成熟。

二、褪黑激素使用方法

(一)褪黑激素适宜埋植时间

1.淘汰老种貂 老种貂繁殖结束,即仔貂断奶分窝后要适时初选。淘汰的老种貂应在 6 月份埋植褪黑激素。但埋植时老种貂应有明显的春季脱毛迹象,如冬毛尚未脱换应暂缓埋植,否则效果不佳。

2. 幼貂　当年淘汰的幼貂应在断奶分窝 3 周以后,一般进入 7 月份埋植褪黑激素。出生晚的幼貂也可在 8～9 月份埋植,虽然对提前取皮效果不明显,但有促进生长、加快肥育和促进毛绒成熟的作用,对提高毛皮质量有益。

(二)埋植部位　在皮貂颈背部略靠近耳根部的皮下处。埋植时先用一只手捏起皮貂颈背部皮肤,另一只手将装好药粒的埋植针头斜向下方刺透皮肤,再将针头稍抬起平刺到皮下深部,将药粒推置于颈背部的皮肤下和肌肉外的结缔组织中。注意勿将药粒植入到肌肉中,否则会因药物释放吸收速度加快而影响使用效果。

(三)埋植剂量　水貂不分老、幼貂均埋植 1 粒,没必要增加埋植剂量。但要注意防止埋植中药粒丢脱。

(四)埋植时的药械消毒　埋植褪黑激素应使用专用的埋植注射器。要严格注意埋植药械和埋植部位的消毒,要用消毒酒精充分浸湿药粒和埋植器针头,埋植部位毛绒和皮肤也要用酒精棉擦拭消毒,以防感染发生。

三、应用褪黑激素注意事项

(一)褪黑激素埋植物质量可靠　褪黑激素埋植物是一种体内缓释植入物,质量好的褪黑激素埋植物应含量充足、埋植后缓释时间长(3～4 个月)。适时使用褪黑激素埋植物,幼貂冬皮可提前取皮 30～52 天,成年貂提前 30～70 天。褪黑激素埋植物产品性质较稳定,一般常温避光保存 1～2 年亦不失效,若在冰箱中低温保存效果更佳。

(二)适时埋植褪黑激素　要提高褪黑激素埋植物的应用效果,关键是适时埋植,准确掌握判断冬皮成熟的标准适时取皮。冬皮成熟的日期与埋植褪黑激素的日期、水貂品种色型和年龄有关。

（三）**饲料营养调整**　埋植褪黑激素 10 天左右，水貂食欲增加，此时应注意调整饲料的营养供给，以满足冬毛的生长需要。生产中各饲养场使用相同的褪黑激素埋植物，可能效果有所不同，这主要与各饲养场饲料营养及时调整与否和判断冬皮成熟的经验有关。

（四）**其他**　因褪黑激素埋植物体积小、易丢失，因此，应注意检查褪黑激素埋植物是否按要求的数量经埋植器推入皮下。另外，在水貂发生传染病期间禁止埋植褪黑激素，以避免加速传染病的传播流行。

四、埋植褪黑激素后的饲养管理

（一）**埋植后的饲养**　埋植褪黑激素后机体将转入冬毛生长期生理变化，故应采用冬毛生长期饲养标准，适时增加和保证饲料量。埋植褪黑激素 2 周以后，食欲旺盛，采食量急剧增加，要适时增加和保证饲料供给量，以吃饱而少有剩食为度。

（二）**埋植后的管理**　水貂埋植褪黑激素后宜养在棚舍内光照较低的地方，防止阳光直射，可提高毛皮质量。注意察看换毛和被毛生长状况，遇有局部脱毛不净或毛绒黏结时，要及时活体梳毛。加强笼舍卫生管理，根治螨、癣类皮肤病。

五、埋植褪黑激素后的取皮时间

（一）**正常取皮**　从埋植日开始计算，90～120 天内为适宜取皮期，在正常饲养管理条件下皮貂的毛皮在此时间内均应成熟。

（二）**强制取皮**　如埋植褪黑激素 120 天后皮貂的毛皮仍达不到成熟程度，一般不要再继续等待，而是采取强制取皮。否则会出现毛绒脱换的不良后果。

第六章 水貂生皮加工技术

第一节 取 皮

一、取皮时间

（一）季节皮取皮时间 水貂正常饲养至冬毛成熟后所剥取的皮张称之为季节皮。季节皮适宜取皮时间一般在农历小雪至大雪（11 月中旬至 12 月上旬）期间。其中白色水貂毛皮成熟时间为 11 月 10～15 日；珍珠色和蓝宝石色水貂为 11 月 10～25 日；暗褐色和黑色水貂为 11 月 25 日至 12 月 10 日。水貂毛皮成熟的早晚除与毛色类型有关外，还与年龄、性别及饲养管理因素有关，每种毛色类型的毛皮按老年公貂、育成公貂、老年母貂、育成母貂的顺序成熟；冬毛期饲养管理良好的可适时取皮，如果饲养管理欠佳，会使冬毛成熟和取皮时间延迟。过早取皮，皮板发黑，针毛不齐；过晚取皮，毛绒光泽减退，针毛弯曲。

（二）埋植褪黑激素皮取皮时间 埋植褪黑激素的水貂一般在埋植后 3～4 个月的时间内及时取皮，超过 4 个月不取皮，会出现脱毛现象。

二、毛皮成熟的鉴定

取皮前应对水貂个体进行毛皮成熟鉴定，成熟一只取一只，成熟一批取一批，确保取皮质量，提高经济效益。

对毛皮成熟度鉴定时要将观察活体毛绒特征与试宰观察皮板颜色结合进行。

(一)冬皮成熟的标志

1.全身被毛灵活一致　全身被毛毛峰长度均匀一致,尤其毛皮成熟晚的后臀部针毛长度与腹侧部一致,针毛毛峰灵活分散无聚拢;颈部毛峰无凹陷(俗称塌脖);头部针毛亦竖立。

2.被毛出现成熟的裂隙　水貂转动身体时,被毛出现明显的裂隙。

3.皮肤颜色变白　用嘴吹开尾毛观察,皮肤呈淡粉红色。

(二)试剥观察皮板　正式取皮前选择冬皮成熟的个体,先试剥几只,观察冬皮成熟情况,达到成熟标准时,再正式取皮;达不到标准时,则不要盲目剥皮。

试宰剥皮时,冬毛成熟的皮张,皮板呈乳白色,皮下结缔组织松软,形成一定厚度的脂肪层,刮油省力,臀部、尾部无黑色色素(黑色水貂皮尾和爪部皮板可带少量黑色色素)。

三、处死方法

处死水貂的方法要求迅速便捷,不损坏和污染毛绒。处死前应停止喂饲。生产中常用的处死方法有如下几种。

(一)折颈法　捉住水貂后放在坚固的桌子或木箱等物体的平面上,先用左手压住水貂的肩背部,然后用右手心托住其下颌部,将头部向后翻过去,左右手同时压住头部,迅速有力地把水貂头部向前下方推按,当手有颈椎骨脱臼的感觉时,水貂四肢随即向后伸直而死亡。此法操作简便,不需要设备和工具,处死迅速且不损伤毛皮,但劳动强度大,遇到个体较大的公貂时比较费力,比较适用于小型饲养场。

(二)心脏注射空气法　此法需要两个人协同操作,一个人用双手保定好水貂,使其腹部向上;另一个人用左手托住水貂胸背部,手指相捏,固定心脏,右手持注射器,在水貂心跳最明显处进针,如有血液回流,即可注入 5～10 毫升空气,水貂因心脑空气栓塞梗死,很快两腿强直,迅速死亡。此法省力,水貂死亡迅速,但要求注射人员操作熟练。

(三)**窒息法** 将水貂放入密闭容器内,然后用胶管将汽车废气或二氧化碳气体充入容器里,经3~5分钟,可令水貂窒息死亡。此法操作简便,效率高,适用于大型养貂场批量处死水貂。

(四)**药物致死法** 常用横纹肌松弛药司可林(氯化琥珀胆碱),按1毫克/千克体重的剂量,皮下或肌内注射,水貂在3~5分钟内死亡,死亡过程中无痛苦和挣扎。按我国动物保护及福利相关法律、法规要求,不允许采取棒击、杠压、绳勒等不人道的方法处死毛皮动物。

处死后的尸体要摆放在清洁干净凉爽的物体上,不要沾污泥土灰尘,尸体严禁堆放在一起,以防体温散热不畅而引起受闷脱毛。要及时按商品皮规格要求剥成头、尾、后肢齐全的筒状皮。如来不及当天剥皮,应将尸体放在−1~10℃处保管,如温度过高,微生物和酶容易破坏皮板;温度过低,则容易形成冻糠板,影响毛皮品质。

四、剥皮方法

水貂的剥皮应尽量在屠宰后不久,尸体尚有一定温度时进行。僵硬或冷冻的尸体剥皮十分困难。水貂应按其商品规格要求进行剥皮,保持皮形完整,头、耳、须、尾、腿齐全;去掉前爪,抽出尾骨、腿骨,除净油脂。

(一)**挑裆** 用锋利尖刀从一后肢掌底处下刀,沿股内侧长短毛分界线挑开皮肤至肛门前缘约3.3厘米处,再继续挑到另一后肢掌底。然后从尾腹部正中线1/2处下刀,沿正中线挑开尾皮至肛门后缘;再将肛门周围所连接的皮肤挑开,留一小块三角形毛皮在肛门上。

(二)**剪断前肢爪掌** 用骨剪或10厘米直径的小电锯从腕关

节处剪掉前肢爪掌,或把此处皮肤环状切开。

(三)抽尾骨　剥离尾骨两侧皮肤至挑尾的下刀处,用一手或剪刀把固定尾皮,另一手将尾骨抽出,再将尾皮全部挑开至尾尖部。

(四)剥离后肢　用手撕剥后肢两侧皮肤至掌骨部,用剪刀剪断,但要使后肢完整而带爪。然后剪断母貂的尿生殖褶或公貂的包皮囊。

(五)翻剥躯干部　将皮貂两后肢挂在铁钩上固定好,两手抓住后裆部毛皮,从后向前(或从上向下),筒状剥离皮板至前肢处,并使皮板与前肢分离。

(六)翻剥颈、头部　继续翻剥皮板至颈、头部交界处,找到耳根处将耳割断,再继续向前剥,将眼睑、嘴角割断,剥至鼻端时,再将鼻骨割断,使耳、鼻、嘴角完整地留在皮板上,注意勿将耳孔、眼孔割大。

第二节　水貂皮的初加工

水貂皮的初加工包括刮油、修剪、洗皮、上楦、干燥等步骤。

一、刮　油

刮油的目的是把皮板上的油脂、残肉清除干净,以利于皮张上楦和干燥。剥下的鲜皮宜立即刮油,如来不及马上刮油,应将皮板翻到内侧存放,以防油脂干燥,造成刮油困难。

(一)刮油方法　刮油可用手工或机器,也可用机器粗刮后再用手工细刮。但无论哪一种方式,都需注意以下几点:①为了刮油省工、省力,应在皮板干燥以前进行。干皮需经充分水浸后,方可刮油。②刮油的工具,无论是手工的竹刀或钝铲,还是机器的橡皮刀,都要求刀刃不必太锋利。③刮油的方向,应从尾根或后肢往头部刮,刮刀要稳,用力要均匀,切忌过猛。④边刮油边用锯末搓洗皮板和手指,以防油脂污染毛被。⑤刮油时,圆筒皮可套在适宜的橡胶管上,以防皮皱折后被刮破。

1.**手工刮油** 将鲜皮毛朝里、皮板朝外套在特制的刮油棍上,使皮板充分舒展铺平,勿有折叠和皱褶。刮油的步骤是从尾部、后肢向前直至耳根。刮油时右手平稳持刀,左手按住皮板,刀面与皮张角度要小,用力要均匀,边刮边用锯末搓洗皮板,以防油脂过多而污染毛皮。头部肌肉可以不刮,待下一步修剪。母貂乳房、公貂阴茎部位和前腋下最容易刮破,刮到这些部位时要特别小心。刮油的标准是去净油脂,不要用力过度,刮破毛根,造成毛绒脱落。

2.**机械刮油** 用刮油机刮油,不仅速度快,而且皮张洁净,不易出现破口。一台刮油机由两个人操作,其中一人将皮张套在特制的刮油棍上;另一人站在刮油机的左后侧,左手固定皮筒,右手操纵刮刀使其紧靠皮板。工作时给以轻轻的压力,刮一下转动一下皮筒。从头部向后刮,刮至后部将刀离开皮张,再移至头部向后刮。严禁在一个部位刮两次,更不可在一个部位停留,否则会损坏毛皮。由于刮油机叶轮转速达 1725 转/分,脂肪很容易融化而污染滚筒。因此,每套一张皮时,应先用干毛巾把滚筒擦净。有的刮油机带有一个强力吸尘器,能通过吸进管嘴把刮油时溅落的脂肪和肌肉组织迅速地吸入一个容器内,从而减少了对滚筒的污染。

(二)**修剪** 刮油时,貂皮的边缘、尾部、四肢和头部不易刮净,可用剪子将残留的肌肉和脂肪剪净。注意勿将皮板剪破,造成破洞。修剪后将皮板用锯末搓擦,抖净锯末后,准备上楦。

二、洗 皮

水貂皮在刮油后,要用小米粒大小的硬质锯末或粉碎玉米芯洗皮。其目的是去除皮板和毛绒上的油脂。不能用麸皮和有树脂的锯末洗皮。先洗掉皮板上浮油后,再洗毛被,要求洗净油脂并使毛绒清洁，达到应有的光泽。皮板和毛绒应分别洗，洗完皮板后再翻过来洗毛面。水貂皮洗皮有手工洗皮和机械洗皮2种方法。

（一）**手工洗皮**　将修剪好的皮张（皮板向外）放在洗皮盘中，用锯末充分搓洗皮板。将板面油脂搓净后，翻过皮筒放在另一盘中再洗毛面，洗至无油脂、出现光泽时为止。洗好后用手抖净附在毛皮上的锯末；若貂皮毛绒污染严重，可在锯末中加一些酒精或中性洗衣粉洗涤。伤口、缺肢和断尾等各种损伤要缝合、修补好。

（二）**机械洗皮**　此法是用转笼和转鼓。操作时，先将皮筒的板朝外放进有锯末的转鼓里，转几分钟后，将皮取出，翻转皮筒使被毛朝外，再次放进转鼓里洗。洗净后用转笼转，以抖掉锯末和尘屑。转笼、转鼓速度控制在18～20转/分，转速太大，离心力过大，会使皮板贴在壁上，达不到洗涤的效果，转笼运转5～10分钟后即可洗好。

三、上　楦

上楦的目的是使鲜皮干燥后有符合商品皮要求的规格形状。要求头部上正，左右对称，后裆部、背部、腹部皮缘基本平齐，皮长不过分拉抻，尾皮平展并缩短。应尽量毛朝外上楦，不宜皮板朝外上楦。然后用钉子固定尾、四肢和头等部位。

楦板的规格是有严格要求的。我国水貂皮楦板分公貂皮楦板和母貂皮楦板2种。

（一）**公貂皮楦板**　板长110厘米、厚1.1厘米；距板尖2厘米处，宽3.6厘米；距板尖13厘米处，宽5.8厘米；距板尖90厘米处，宽11.5厘米。距板尖13厘米处，在板面中间开一个长71厘米、宽0.5厘米的中槽（透槽），在中槽两侧各开一条长84厘米、宽2厘米的半槽。从楦板尖起，在板的两侧正中开一条槽沟。距板尖14厘米处，两侧正中开一条长14厘米的透槽和中槽相通。

（二）**母貂皮楦板**　板长90厘米、厚1厘米；距板尖2厘米处，宽 2 厘米；距板尖 11 厘米处，宽 5 厘米；距板尖 71 厘米处，宽 7.2 厘米。距板尖 13 厘米处，在板中间开一条长 60 厘米、宽 0.5 厘米的中槽（透槽），中槽两侧各开一条长 70 厘米、宽 1.5 厘米的半槽。由楦板尖到 13 厘米处，中间开一条小槽沟。距楦板尖 12 厘米处，从中间开一条两侧对称、长 13 厘米与中槽相通的透槽。

四、干　燥

干燥的目的是去除鲜皮内的水分，使其干燥成型并利于保管贮存。上好楦的皮张干燥方法有烘干和风干两种。无论哪种干燥形式，待皮张基本干燥成型后，均应及时下楦。提倡毛朝外上楦吹风干燥，效率高，加工质量好。

（一）风干法　指利用风干机鼓风干燥。风干机的排风箱外面安装若干排风管，管长 8～10 厘米，内径 0.7～0.9 厘米（金属管壁厚 1 毫米）。每管排风量 0.022～0.028 米³/分。管间横向距离 13 厘米，纵向距离 6 厘米。

上好楦板的皮张应分层放置于风干机的皮架上，将皮张张嘴套入风干机的气嘴上，让空气通过皮张腹腔带走水分风干。鲜皮最适宜的干燥温度 18～25℃，空气相对湿度 55％～65％，公貂皮干燥时所需风速为 1219 米/分，母貂皮为 1158 米/分。在上述条件下，公貂皮在 3 天内干燥，母貂皮在 2 天内干燥。严禁在高温（不得超过 28℃）或强烈日光照射下进行干燥。

（二）烘干法　即用热源加温烘干干燥。将上好楦的皮张放在晾皮架上，室温最好维持恒定（18～25℃），空气相对湿度为 55％左右。要设专人看管，在烘干过程中要不断倒换皮张方向和位置，以便尽快干燥。24 小时后，毛皮中的大部分水分将会散发掉。因公貂皮楦板吸收水分较多，所以，此时必须更换干燥的楦板和纸，然后放回晾皮架上进一步干燥。母貂皮应干燥 36～38 小时，而公貂皮更换楦板后还需再干燥 48～60 小时，所以，公貂皮到最后下楦板总共需要大约 3 天的干燥期。

五、下楦和整理

下楦前一定要把图钉去除干净。下楦的皮张首先要进行风晾，即放在常温室内晾至全干。将皮张用细铁丝从眼孔穿过，每 20 张一串，在室温 13℃左右，相对空气湿度 65%～70%的黑暗房间内悬挂几天。然后用转笼、转鼓机械洗皮，除去油污和灰尘。

六、整理贮存

（一）清洗毛绒　干透的毛皮还要用毛巾擦拭毛面，去除污渍和尘土，遇有毛绒缠结情况要小心把缠结部位梳开。

（二）验质分级　水貂皮验质应在室内灯光下进行，灯光以距验质案面 70 厘米为宜，案面上应铺蓝色布，有利于验质分级。验质应按国家规定标准进行。目前，水貂皮收购规格标准如下。

1.技术要求　皮型完整，头、耳、须、尾、腿齐全，去掉前爪，抽出尾骨、腿骨，除净油脂，开后裆，毛朝外，圆筒形皮，按标准撑楦晾干。

2.等级规格　水貂皮品质等级标准见表 6-1，水貂皮的尺码标准见表 6-2。

表 6-1　水貂皮等级标准

级　别	品质要求
一　级	正季节皮，皮型完整，毛绒平齐、灵活，毛色纯正、光亮，背腹基本一致，针、绒毛长度比适中，针毛覆盖绒毛良好，板质良好，无伤残
二　级	正季节皮，皮型完整，毛绒品质和板质略差于一级皮标准，或有一级皮质量，带下列伤残、缺陷之一者：①针毛轻微勾曲或加工撑拉过大；②自咬伤、擦伤、小瘢痕、破洞或白撮毛集中一处，面积不超过 2 厘米^2；③皮身有破口，总长一般不超过 2 厘米

续表 6-1

级 别	品质要求
三 级	正季节皮,皮型完整,毛绒品质和板质略差于二级皮标准,或具有二级皮质量,带下列伤残、缺陷之一者:①毛峰勾曲或严重拉伸过大;②自咬伤、擦伤、小瘢痕、破洞或白撮毛集中一处,面积不超过 3 厘米^2;③皮身有破口,总长一般不超过 3 厘米
等 外	不符合一、二、三级品质要求的皮(如受闷脱毛、流针飞绒、焦板皮、开片皮等)

注:彩色貂皮(含黑十字水貂皮)也适用此皮质要求

表 6-2　水貂皮的尺码标准　(单位:厘米)

尺码号	长 度	比差(%)	
		公 皮	母 皮
000	>89	150	—
00	83~89	140	—
0	77~83	130	150
1	71~77	120	140
2	65~71	110	130
3	59~65	100	120
4	53~59	90	110
5	<53		100

　　按毛皮收购等级、尺码分类后,把相同类别的皮张分在一起。

　　(三)包装贮存　验质分类后,将相同类别的皮张背对背、腹对腹地捆在一起,放入纸或木箱内暂存保管,每捆或每箱上加注标签,标注等级、性别、数量。

　　初加工的皮张原则上尽早销售处理,确需暂存贮藏时,要严防虫、火、水、鼠灾和盗窃发生。

第七章　水貂疫病防治

水貂养殖存在着很大的疫病风险,人工饲养下的水貂属小型野生动物,体小,未得到完全驯化,仍保留有野性,并且养殖场内养殖数量多,一旦发病,特别是传染病,对每只水貂进行单独治疗困难极大甚至是不可能。因此,在水貂疫病防治上必须遵守"预防为主,防重于治"的原则,控制或减少疫病的发生。

第一节　养貂场卫生防疫

一、经常性卫生制度

(一)场门口设消毒池　养貂场工作人员及车辆入口处要设消毒池,供车辆和工作人员出入时消毒。大中型养貂场消毒池一般是用水泥灌注而成,池深40厘米,宽250厘米,长800厘米。池内充消毒药,每隔30天更换1次。

(二)严格控制或禁止外人参观　为防止带入病原和水貂受到惊扰,应尽量减少外来人员进入饲养场,须经场兽医同意,场领导批准,并经卫生消毒后方可准入场。必要的参观或购种貂者必须穿戴无菌的工作服和帽进入。

(三)保持生产区卫生

1.地面卫生　笼舍下的粪尿应每天及时清除,保持地面清洁和干燥,这是灭蝇和防止疾病发生的有效方法,特别是低纬度地区在夏季更应如此。养貂场每周应清扫积粪2~3次,每集中清理一次粪尿后,应撒布生石灰消毒,粪便运出场外。春、夏、秋季每15天、冬季每30天生产区地面撒1次生石灰消毒。

2. 笼舍卫生　水貂常将饲料叼入小室内存放，个别的还在小室内排泄粪尿，易导致细菌繁殖传播疾病。因此，小室内和笼网上剩食及粪便要经常清除。食具要经常清洗并定期消毒。食具每次饲喂后用清水刷洗干净。春、夏、秋季每 15 天对笼舍消毒 1 次。

3. 饮水卫生　饮水盒每日应更换清水，盛水用的水盒要经常清洗，夏季每 7 天对食盒、水盒消毒 1 次，防止霉菌和藻类孳生。

（四）加强防疫　凡引入新貂，都应隔离饲养 2 周以上，或经过必要检疫，确认健康无病方可进场混群饲养。

养貂场禁止饲养禽类、家兔、犬及猫。附近畜禽有重大疫病流行时，应密切注意动向，加强防范，如采取消毒、药物预防、疫苗注射等措施。病貂要及时送入病貂隔离区。

（五）死亡水貂剖检及处理　死亡水貂必须在兽医诊疗室特设房间内进行剖检，解剖后的尸体及其污染物应烧毁或深埋，用具进行彻底消毒。饲养过病貂的笼子也要进行消毒。从场内隔离的水貂不再回归貂群内，直至屠宰期取皮利用。

（六）严格管理饲料卫生　禁止从疫区采购饲料。管好库房和冷库的卫生，严格控制饲料的霉败变质，动物性饲料要新鲜，冷库贮存不能超过 3 个月。谷物性饲料不能发霉，应在通风、干燥处贮存。配合饲料要放在干燥、通风、背光处保存，超过保质期的不能使用。

（七）保持工作用品卫生　饲养人员的工作服、胶靴及护理用具等应编号，固定人员使用，不得转借他人。工作结束后，应将工作服、帽子和靴子挂在消毒室内用紫外线灯照射消毒 20 分钟后再用。禁止将工作服穿回家或不穿工作服进场。

（八）药物预防　是利用特定的药物预防水貂群体特定传染病发生与流行的一种非特异性方法。实践表明，有些水貂传染病至今尚无有效的疫苗用于免疫预防，有些疫苗的免疫效果仍不理想，而使用一些高效的抗菌药物，则可预防某些特定传染病和寄生虫病的发生与流行,而且还可获得增重和增产的效果。但是,在使用药物添加剂作动物群体预防时,应严格掌握药物剂量、使用时间和方法。要注意长期使用药物易产生耐药菌株,影响防治效果。因此,进行药物预防时应交替使用各种有效药物,既防止产生耐药性,又能收到较好的效果。

二、疫苗免疫

传染病对水貂养殖危害严重,一旦发生难以治疗,甚至会导致全群死亡,养殖失败。因此,水貂饲养场必须对常见的和危害严重的传染病定期接种疫苗,以杜绝传染病的发生和蔓延。生产中主要是对犬瘟热和病毒性肠炎等进行疫苗接种。免疫时应注意如下事项。

(一)疫苗质量　应购买正规单位、厂家生产的单价疫苗,质量可靠,不宜使用犬用多价疫苗。运输和保管疫苗时要防止冷冻疫苗缓化和非冷冻疫苗被冻结。疫苗的有效期一般为 6 个月,超过有效期或保质期发生变质的疫苗不能使用。

(二)接种时机　老种貂每年预防接种 2 次,第一次是在繁殖结束后,即于幼貂断奶分窝后的第三周内进行第一次预防接种;第二次是在第一次接种后的第六个月进行。幼龄貂第一次预防接种应在断奶分窝后的 15～20 天内进行;第二次是在第一次接种后的第六个月进行。幼貂预防接种必须按上述时间要求分期分批准时进行,不能提前和错后。

(三)接种方式　一般冷冻的疫苗(犬瘟热、脑炎)宜皮下接种;非冷冻的病毒性肠炎疫苗,属灭活疫苗,宜肌内深部接种。

(四)接种疫苗种类　目前水貂要求接种犬瘟热疫苗、病毒性肠炎疫苗。水貂阿留申病要在种貂检疫的基础上对检测结果阳性的个体进行淘汰处理。

(五)接种用具消毒　预防接种疫苗时,要注意严密消毒免疫用具,每接种1只水貂后最好更换1次针头,注射器具要严格消毒,防止交叉感染或注射部位感染现象的发生。

（六）免疫剂量 疫苗接种过程中要准确保证注射疫苗的剂量（以产品说明书为准），皮下注射时,防止将注射器针头穿至皮外而造成漏注现象。

三、疫情处理

一旦发生疫情,要迅速采取隔离封闭措施,歼灭病原,严防疫情扩散,以防造成更大损失。

（一）及时报告疫情 当水貂出现发病、死亡时,饲养人员应立即通知兽医人员,兽医人员应及时检查,当怀疑有某种传染病发生时,应立即向场领导和上级有关部门报告,及时把病理材料送实验室,迅速确诊。一旦确诊为传染病时,应逐级向有关部门报告,并按国家有关规定执行,还应通知邻近单位和有关部门注意做好预防工作。

（二）检疫隔离 首先应对貂群进行检疫,并根据检疫结果,将貂群分为病貂、疑似感染貂（与病貂或其污染物有过明显接触）和假定健康貂（与前两种貂无接触）分群饲养管理。病貂是最危险的传染源,必须放入隔离舍内由专人护理和治疗,不准畜禽进入和病貂跑出,所有的饲养管理用具均应固定;护理人员和兽医人员出入均须消毒。对疑似感染貂应在消毒后进行紧急预防接种和药物预防,并集中观察,经1～2周不发病即可解除隔离。对假定健康貂应进行紧急预防接种和采取相应的保护措施。在隔离期间应停止一切管理措施（称重、打号及其他移动）。

（三）封锁 当貂场发生犬瘟热、病毒性肠炎等烈性传染病时,除严格隔离病貂外,应立即划区封锁。本着"早、快、严、小"的原则,根据不同传染病,划定疫区范围。封锁应在流行初期果断进行,越快越好,但范围不宜太大。在封锁区内的易感动物应进行预防接种,对患病动物进行治疗、急宰或扑杀等处理,场地、用具、人员等应进行消毒。封锁期因不同传染病而异。

（四）尸体处理　死于传染病的水貂尸体含有大量病原体,常可污染环境,如不妥善处理,会成为新的传染源,危及其他健康水貂。常用的处理方法有如下几种。

1. 生物热掩埋法　选择地势高、水位低,远离居民区、养殖场、水源和道路的僻静处,挖深 2 米以上适当大小的坑,坑底撒布生石灰,放入尸体后,再放一层生石灰,然后填土掩埋,经 3～5 个月生物发酵,达到无害化目的。

2. 火化法　挖一适当大小的坑,内堆放干柴,尸体放于柴中,倒上燃油等燃料焚烧,直至尸体烧成黑炭为止,尔后将其埋在坑内。大型养貂场应建筑焚尸炉,以便焚烧水貂尸体。此法对水貂尸体处理最为适合。

3. 煮沸法　有条件的养貂场可将尸体进行高压灭菌。此法可靠,灭菌后的尸体可综合利用。

（五）解除封锁　在最后一只病貂死亡、急宰或扑杀后,再经一定时期观察,若再无新病例发生,应对养貂场全面消毒后解除封锁。

第二节　水貂常见病防治

水貂疾病种类比较多,本节主要介绍水貂生产中危害严重和经常发生的疾病的防治方法。

一、犬瘟热

犬瘟热是水貂的一种急性、热性、传染性极强的高度接触性传染病。该病的主要特征是以侵害黏膜系统(眼结膜炎、鼻炎)为主,两次发热(双峰热),常伴有肺炎、肠炎腹泻、皮屑(有特殊的腥臭味),偶有神经症状。养貂场普遍都有该病毒存在,特别是养貂场比较集中的地区,更易发生本病的流行,具有较高的发病死亡率,属毁灭性传染病,常被称为"貂瘟"。

【病　　原】　病原为犬瘟热病毒。该病毒对干燥和寒冷有强的抵抗力。在室温下可存活7～8天。对碱性溶液的抵抗力弱,常用3%氢氧化钠液作为消毒剂。

【流行病学】　病貂是本病最主要的传染源。养貂场中的护卫犬发生犬瘟热后,可成为该场的主要传染源。病毒大量地存在于发病动物的鼻液、唾液中,也见于泪液、血液、脑脊液、淋巴结、肝、脾、心包液、脑、胸水、腹水中,并能通过尿液长期排毒。本病主要通过病貂与健康貂的直接接触传播,如配种期种貂的调换,通过飞沫经呼吸道感染,也可通过污染的食物,经消化道感染。

不同年龄、性别、品种的水貂都可感染,以育成阶段的貂最易感。自然发病的致死率常达100%。犬瘟热流行没有明显的季节性,一年四季都可发生。2.5～5月龄幼貂最易感染。带毒水貂其带毒期不少于5～6个月。康复后的动物可获终生免疫。

在一个饲养场内饲养有貉、狐、貂时,犬瘟热常在狐、貉中间流行,经过一定时间传染给水貂。致死率为30%～80%。

【临床症状】　潜伏期3～6天。发病初期精神不振,无食欲,流泪和水样鼻液。体温升高至40℃左右,持续8～18小时后,经1～2天的无热潜伏期,体温再度升高至40℃左右并持续数天。在高热之下2～3天内死亡的最急性型病例少见。一般在第二次体温升高时病情恶化,出现呼吸系统、消化系统和神经系统的症状。

呼吸系统症状是本病的主要症状。鼻端干燥,鼻液增多并渐变为黏液脓性鼻液,有时混有血液,在打喷嚏和咳嗽时附着鼻孔周围。呼吸加快,张口呼吸,但症状恶化时,呼吸减弱,由张口呼吸变为腹式呼吸。随着体温的升高,病貂开始食欲减退,以后变为完全不食,大量饮水。由于消化功能减退,往往发生呕吐。初期便秘,不久便发生下痢。粪便中混有黏液,恶臭,有时混有血液和气泡。

口腔发生溃疡,有的舌色变白。在下腹部和股内侧皮肤上出现米粒大小的红色丘疹,随后变成脓性丘疹。随着病情的发展,其数目增多,体积增大。在恢复期,脓性丘疹消失。皮肤弹性消失,被毛失去光泽。在疾病恢复期或一开始发热时就可出现神经症状。痉挛,癫痫发作,对刺激的反应性增强,有时发狂。痉挛多见于颜面部、唇部、眼睑,口一闭一张。严重病例可见转圈运动,后躯麻痹不能站立,大小便失禁,昏睡死亡。有的呈舞蹈状,出现踏脚的特征性症状。一开始就出现神经症状的病貂多呈急性经过,病程短,在1～2天内死亡。眼睑肿胀时,出现结膜炎,有脓性眼眵,进而发生角膜溃疡。末期,心脏可受侵害。

【病理变化】　尸体外观没有特征性变化,可见被毛污秽不洁,肛门、会阴部皮肤微肿,有少量黏液状或煤焦油样稀便附着;眼、鼻、口肿胀,皮肤增厚,皮肤上有小的湿疹;被毛丛中有谷糠样皮屑,有特殊的腥臭味;足掌肿大。

剖检时,仅见轻微的支气管炎或小的灶状支气管肺炎,直肠黏膜皱襞上常有出血。在自然病例,由于继发细菌感染,可见严重的化脓性支气管肺炎,出血性肠炎,肠内容物呈煤焦油状。

【诊　断】　根据病史、流行病学调查和典型的犬瘟热症状,可以作出初步诊断。确诊必须做生物学试验、包涵体检查或血清学检查(中和试验、酶标 SPA 染色)。犬瘟热快速诊断试剂盒可作为辅助诊断。

【防　治】　本病目前尚无特异性疗法。用抗生素治疗只能控制继发感染,减轻症状,延缓病程。唯一的办法是早期发现,及时隔离病貂,固定饲养用具,定期消毒,对未发病水貂尽快紧急接种犬瘟热疫苗预防。

为了防止继发感染,可用磺胺类药物和抗生素。眼、鼻可用青霉素眼药水点眼和滴鼻;出现胃肠炎时,可投给土霉素,混入饲料中喂服,每天早、晚各 1 次,0.05 克/天·只;发生肺炎时,可用青霉素、链霉素、拜有利控制,每日注射 15 万～20 万单位。也可用拜有利注射液,每千克体重注射 0.05 毫升。

预防的最好方法是每年进行 2 次疫苗的免疫接种。

二、水貂病毒性肠炎

水貂病毒性肠炎,又称乏白细胞症或传染性肠炎,是以腹泻、肠黏膜出血、坏死、脱落,排灰白色、粉红色混有纤维蛋白、黏液样无结构的管形稀便,血液中白细胞高度减少为特征的急性、接触性传染病。该病与猫泛白细胞减少症有亲缘关系。本病具有较高的发病率和死亡率,特别是幼龄水貂的发病率和死亡率更高,从而造成巨大损失,是世界公认的危害水貂饲养业较大的病毒性传染病之一。

【病　　原】　病原为细小病毒科、细小病毒属的水貂肠炎病毒。该病毒耐热性较强,56℃ 100 分钟、80℃ 30 分钟不失活;对乙醚、氯仿、胆汁等不敏感;0.5%福尔马林、20%漂白粉溶液作用 24 小时方可灭活。含病毒的粪便在户外土壤中 1 年以上毒力仍不减弱。

【流行病学】　在自然条件下,不同品种、年龄、性别的水貂都可感染,而以幼貂,特别是刚断奶的仔貂最易感,发病率和死亡率都较成年水貂高。主要传染源是患病水貂、患泛白细胞症的猫和耐过病毒性肠炎的水貂。耐过病毒性肠炎的水貂一年内可通过粪便向外排毒。本病可经交配、撕咬等直接传播,又可经被病原污染的饲料、饮水及其他物品而间接传播,还可经苍蝇、鼠类、乌鸦等媒介传播。

本病发生没有明显的季节性,但夏、秋季节多发,多呈地方性、周期性流行。开始传播较慢,经过一段时间病毒毒力增强并快速传染,特别是仔貂分窝以后,大批发病死亡。发病貂场如不采取有效的防治措施,常在第二年仔貂断乳分窝前后再次发生。

【临床症状】　潜伏期为 4～9 天,多在 4～5 天。急性型感染多在 7～14 天死亡,亚急性型多在 14～18 天死亡。

水貂病初精神沉郁,食欲下降或废绝,饮欲明显增加,体温升高至 40℃以上。胃肠症状明显,呕吐出黄绿色的水样或粥样物,腹泻,排出稀软到水样或脓样粪便,继之便中带血、黏膜脱落物和未消化的饲料残渣、黏液及大量气泡,有的混有血丝或血凝块。最具特征性的是粪便中混有一种多为灰白色,有时为淡黄色或粉红色、无光泽、肉样感的 2～5 厘米长(少数达 7～10 厘米)的中空管柱状物,称黏液管或黏膜圆柱,它是由脱落肠黏膜、纤维蛋白和肠黏液组成的。本病区别于其他肠炎的另一特点是在发病高峰期,群貂粪便呈多种多样的颜色,如有粉红、鲜红、暗红、黑红、草绿、深绿、淡黄、橘黄、深黄、浅灰和深灰色等。

持续剧烈腹泻数日后,日龄小的仔貂急性死亡;日龄大的仔貂则极度消瘦体弱,卧下不起,被毛脏乱无光,排便失禁,体后躯及下腹被粪尿污染,病程 5～7 天,多以死亡告终。成年水貂症状与仔貂的类同,但略轻些,并时轻时重地反复发作,有的转归死亡,耐过者可存活。

【病理变化】 急性经过病例一般尸体营养良好;慢性经过时尸体消瘦,被毛蓬松,肛门周围被粪便污染,皮下无脂肪,较干燥。

主要病理变化在胃肠道。胃扩张、壁薄、气球状,内含稀酱样内容物;胃底部及幽门部黏膜充血、脱落、有点状或斑状出血;有的胃壁有多处溃疡。小肠黏膜呈纤维蛋白性、坏死性、出血性炎症变化。因出血时间长短不同,小肠外观鲜红色、暗红色或黑红色;肠管极度扩张,达正常时的 1～2 倍,管壁很薄,近于透明,尤以空、回肠为重;肠腔内充满气体或稀薄内容物,呈红色或黑褐色酱油状。

【诊 断】 根据流行病学调查、特征性临床症状(如排具有多种颜色并含黏液管的稀便及顽固持续性下痢等)等,可以作出初步诊断。确诊需进行实验室检查。近年来,国内采用细小病毒快速诊断试剂盒,可进行快速确诊。

【防　　治】　本病目前尚无特效治疗方法,只能在发病的早期防止继发性细菌感染,降低死亡率。控制继发感染和纠正脱水可用5%～10%葡萄糖注射液50毫升/千克体重、红霉素10毫克/千克体重、维生素C 100毫克/千克体重、地塞美松5毫克/千克体重,混合后静脉注射。也可用氧氟沙星8～10毫克/千克体重,配合上述药物静脉注射,每天注射1～2次。

对未发病的水貂采取紧急接种疫苗。

最好的预防方法是每年进行2次疫苗接种。

三、水貂阿留申病

水貂阿留申病,又称浆细胞增多症,是水貂特有的一种慢性进行性传染病。本病的特点是潜伏期长,呈慢性经过,终生病毒血症,浆细胞增多、浸润,血清丙种球蛋白异常增高,抗原抗体复合物沉积导致多发性动脉管炎、肾小球性肾炎、肝炎、卵巢和睾丸炎等,繁殖力明显下降,秋冬季节机体抵抗力下降时常急性发作,可导致大批死亡。

本病是养貂业的重大疫病之一,可导致重大损失。据报道,阿留申病造成的损失占水貂场总损失的5%～50%。其危害主要在以下几方面:①有高发病率和较高的死亡率;②水貂繁殖力明显下降,阳性母貂空怀率高,新生仔貂生命力低下,成活率低;③阳性貂发育不良,皮张质次价低;④阳性貂抵抗力弱,易继发其他疾病,使病情加重,增加死亡率。

【病　　原】　阿留申病毒属于细小病毒科、细小病毒属。其抵抗力很强,能在pH值2.8～10内保持活力。80℃ 30分钟或100℃ 3分钟处理后,组织中的病毒仍具感染性。

【流行病学】　所有品系的水貂均能感染,但基因型、性别、年龄不同,对病毒的易感性亦不相同。总的来说,红眼白貂(bbce)>银蓝貂(pp)>米黄色貂(bpbp)>标准貂;公貂略大于母貂;幼貂和老年貂大于青壮年貂。病貂及潜伏期带毒貂是本病的主要传染源,尤其是表面健康的带毒貂危害最大。病毒主要通过病貂的唾液、粪便、尿液及分泌物等排泄到外界环境中,污染环境及饲料、饮水、用具等。健康貂接触病毒后,经消化道或呼吸道而感染。公貂可通过配种传染给母貂,吸血昆虫也可传播本病。妊娠母貂可经过胎盘将病毒垂直传给胎儿(阳性母貂可致 45%～60%仔貂感染本病)。

本病具有明显的季节性,虽然常年都能发病,但在秋冬季节的发病率和死亡率大大增加。当养貂场引进潜伏带毒的病貂时,常在引进后当年引起发病和死亡,在 2～3 年内,貂场中仍有本病的缓慢流行,感染率在貂群中可达 25%～40%。

【临床症状】 潜伏期一般为 60～90 天,长的 7～9 个月,有的可持续 1 年或更长的时间。本病的特征性症状是食欲减退、消瘦、口渴、嗜睡,末期昏迷。临床上大体可分为隐性型、急性型和慢性型,大多数病例呈隐性感染或慢性经过,少数表现急性经过。

1.慢性型 病貂高度口渴,几乎整天伏在水槽上暴饮或吃雪、啃冰,食欲反复无常,时而好,时而坏,渐进性消瘦,生长发育缓慢,贫血,被毛无光泽,可视黏膜苍白,眼球下陷,凝视,有时伴有抽搐、痉挛、共济失调、后肢不全麻痹或麻痹,常在口腔、齿龈、软腭和硬腭上出现自发性出血和溃疡;粪便呈煤焦油样。病的后期,机体衰竭,死于尿毒症。慢性病例的病貂病程延长至数周。

2.急性型 病貂精神委顿,食欲减退至废绝,有时伴有抽搐、痉挛、共济失调、后肢麻痹等症状,可在 2～3 天内死亡。

3.隐性型 仅能发现母貂空怀、流产、产出弱仔或胚胎吸收,在配种期母貂发情不好。

【病理变化】 尸僵完整,被毛无光泽,高度消瘦、可视黏膜苍白,有的口腔黏膜(口角)溃疡。腹部被毛尿湿,肛门周围有少量煤焦油样粪便附着。脚趾爪皮肤苍白。肾脏肿胀并有出血点或灰白色坏死点,在病的后期或慢性病例的肾脏略肿大或缩小,呈灰白色或淡黄色无光泽,重者表面凹凸不平呈桑葚状,包膜不易剥离。肝脏肿大,有灰白色散在的坏死病灶。脾脏肿大。胃黏膜有出血点。

【诊　断】　初步诊断可依靠流行病学、临床症状及病理变化。确诊需进行实验室检查:可通过碘凝集试验检测异常升高的血清丙种球蛋白,也可通过对流免疫电泳试验、间接免疫荧光试验等检测。

碘凝集试验操作方法从水貂的后脚小趾剪开一小口,用直径3毫米的塑料管吸取血液,立即用酒精灯封闭管的无血端,血液凝固后直接放于离心管内,以2500～3000转/分离心10分钟,分离出血清。取一滴血清滴于载玻片上,再加一滴新配制的碘溶液(取碘化钾4克,加少量蒸馏水溶解,再加入碘片2克,然后加蒸馏水30毫升溶解均匀,盛于棕色瓶中暗处保存),轻轻摇动玻片,使之混合,待1分钟内判定结果。

"＋＋＋＋":棕色凝集物呈大块,固着于载玻片上,轻摇不碎,轻放水中,凝集块不浮散。

"＋＋＋":棕色凝集物呈数块较大的碎片,轻放水中,凝集块部分浮散。

"＋＋":棕色凝集物呈多数较小碎片,轻放水中全部浮散。

"＋":呈细砂样棕色微粒,放入水中全部浮散,片刻消失。

"—":呈棕色均匀液体。

结果判定:"＋＋"以上者判为阳性。

碘凝集试验对初感染水貂反应敏感性低,并且也不是阿留申病的特异反应,会出现假阳性的正常貂。因此在最后精选种貂时,应结合水貂的个体表现,如食欲、粪便、体况、被毛等综合情况来决定选留。

【防　治】　迄今为止,国内外对阿留申病还没有特异性的预防和治疗方法,必须采取综合性的防治措施。首先要加强饲养管

114

理,搞好环境卫生,定期进行全面消毒,引进种貂时应隔离检疫,阴性者才能混群饲养;其次是建立定期检疫隔离和淘汰制度,即应于每年11月15日前后(取皮前)和2月份配种前采用特异性或非特异性的诊断方法进行检疫,检出的阳性(患病及带毒)貂应立即淘汰,达到净化貂群的目的。

四、伪狂犬病

伪狂犬病又称阿氏病,是由伪狂犬病病毒引起的水貂的一种急性传染病。其临床特点是发热和皮肤奇痒,发病水貂多在急性病程之后以死亡告终。水貂多因吃了屠宰厂的下脚料而发病。

【病　原】　伪狂犬病病毒属疱疹病毒科、疱疹病毒属中的猪疱疹病毒Ⅰ型。该病毒对环境因素的抵抗力较强。于冰箱内保存,可存活797天以上;对苯酚不敏感。

【流行病学】　病貂和患病动物副产品及鼠类是主要传染源。本病可经消化道和呼吸道传染,还可经胎盘、乳汁、交配及擦伤的皮肤感染。水貂主要因采食病猪、鼠,带毒猪、鼠的肉或下脚料而经消化道感染发病。

本病没有明显的季节性,但以夏、秋季节多见,常呈地方性暴发流行。初期死亡率高。当从日粮中排除污染饲料后,病势很快停止。本病具有高度的致死性,死亡率5天内最高达56.1%。

【临床症状】　潜伏期为3~6天。主要表现平衡失调,常仰卧,用前爪掌摩擦鼻镜、颈和腹部,但不表现剧烈瘙痒和抓伤。病貂食欲废绝,体温升高(40.5~41.5℃),精神强烈兴奋和沉郁交替发生,时而站立,时而躺倒抽搐、转圈,头稍昂起;下颌麻痹,舌伸出口外并有咬伤,从口内流出大量血样黏液,呕吐,腹泻。死前不久发生胃肠臌气。有的公貂阴茎麻痹,眼裂缩小,斜视,下颌不自主地咀嚼或阵挛性收缩,后肢不全麻痹或麻痹,病程1~20小时死亡。

【病理变化】　尸体营养良好,鼻和口角有多量粉红色泡沫状液体,舌露出口外并有咬伤,眼、鼻、口和肛门黏膜发绀。较为特征性变化是胃肠臌气,腹部胀满,胃肠黏膜常覆以煤焦油样内容物。

【诊　断】　根据流行特点和特征性临床症状(瘙痒、眼裂和瞳孔缩小)及病理变化,可作出初步诊断。进一步确诊需进行生物学试验、荧光抗体技术和血清学试验。

【防　治】　目前本病尚无特效疗法,抗血清治疗有一定的效果。发现本病,应立即停喂受伪狂犬病毒污染的肉类饲料。对病貂用抗生素控制继发感染。

预防本病应采取综合防治措施。对肉类饲料要加强管理,凡认为可疑的肉类饲料都应做无害化处理。养貂场内严防猫、犬窜入,更不允许鸡、鸭、鹅、犬、猪与水貂混养。伪狂犬病多发的地区,或以猪源肉类饲料为主的养貂场,可用家畜用伪狂犬病疫苗预防接种。

五、自 咬 病

自咬病是长尾食肉动物多见的一种慢性疾病。病貂自咬自己躯体,多在尾部、臀部及后肢,使皮张被破坏,很少发生死亡。该病在国内外养貂场中广泛发生,除造成毛皮质量低劣外,还可导致母貂空怀和不护理仔貂(咬死或踏死)。

【病　原】　目前尚未确定病原体。主要有营养缺乏病、传染病、寄生虫病、应激反应、食盐和碘中毒及肛门腺堵塞等病因之说。患病母貂是主要传染源。感染途径及发病机制尚不清楚。

【流行病学】　本病没有明显的季节性,但配种期与产仔期易发作,幼貂于8~10月份发作。本病发病率波动很大,与饲料中动物性饲料的比例呈正相关,即动物性(肉类)饲料比例高的年份自咬病的发病率亦高,反之亦少。

【临床症状】　潜伏期为20天到几个月之间。多呈慢性经过,反复发作。自咬的部位因个体而异,但每个个体自咬的部位是固定的,总咬一个部位,多为尾巴、后肢、臀部或腹侧,个别的病貂咬全身。病貂发作时咬住患部不放,在笼内翻转吱叫,持续3～5分钟或更长时间,将毛啃断啃光,咬伤皮肤造成流血,伤口可继发感染。兴奋期过后暂时不咬,遇到意外声音刺激或喂食前再发作自咬,1天内多次发作,反复自咬,尾巴背侧血污沾着一些污物,形成结痂呈黑紫色。患貂多在喂食前或早晨运动时发作。母貂发作时将自产仔貂来回叼,甚至将其捉弄死。

【病理变化】　自咬死亡的尸体一般比较消瘦,后躯被毛污秽不洁,自咬部位有外伤,有的被毛残缺不全。内脏器官变化多呈败血症变化,实质脏器充血、淤血或出血。慢性自咬死亡的病貂特征是胃黏膜有火山口样的溃疡灶。

【诊　断】　根据典型临床自咬症状即可确诊。

【防　治】　目前本病尚无特异性疗法。病初可用齿凿或齿剪断掉病貂的犬齿,同时适当应用药物进行治疗,使病貂维持到打皮期,使皮张不受损伤。药物治疗原则就是镇静(氯丙嗪注射液肌内注射,1次0.5～1毫升)、消炎(抗生素或磺胺类以及喹诺酮类药物)和外伤处理(咬伤部位用3%过氧化氢涂搽,软化结痂,去掉污物和痂皮,再涂以碘酊),可收到一定的疗效,但不能根治,最终病貂要淘汰。

控制本病必须采取综合性防治措施。一方面加强饲养管理,以提高机体的抵抗力。另一方面实行严格的兽医卫生制度。对病貂要及时隔离治疗,到取皮期彻底淘汰病貂及其双亲(公、母)和同窝仔貂。对病貂和可疑病貂住过的笼子要彻底清洁和消毒。

六、巴氏杆菌病

水貂巴氏杆菌病急性病例以败血症和出血性炎症为特征,故又称出血性败血症;慢性型病例常表现为皮下结缔组织、关节及各脏器的化脓性病灶。该病多呈地方性流行,是养貂业经常发生的传染病,也是条件性传染病,饲养管理较差、饲料质量不佳、阴雨潮湿的情况下更易暴发流行。

【病　原】　病原为多杀性巴氏杆菌,革兰氏染色阴性,不形成芽胞,用姬姆萨、瑞氏和美蓝染色后,呈明显的两极染色。该菌分为16个血清型。对物理和化学因素的抵抗力比较低。在自然干燥的情况下,很快死亡;加热至60℃,1分钟内即可杀死。

【流行病学】　各年龄的水貂均可感染本病,但以幼龄最为易感。主要的传染源是患病或带菌的动物。水貂可通过消化道、呼吸道以及损伤的皮肤和黏膜而感染。如用患有巴氏杆菌病的家畜、家禽和兔肉及其副产品,尤其是以禽类屠宰的废物饲喂水貂而经消化道感染时,则突然发病,并很快波及全群。如经呼吸道或损伤的皮肤与黏膜感染时,则常呈散发流行。被巴氏杆菌污染的饮水亦能引起本病的流行。带菌的禽类进入貂场常常是本病发生的重要原因。

本病的发生一般无明显的季节性,以冷热交替、气候剧变、闷热、潮湿和多雨等环境剧烈变化时期发病较多。长期营养不良或患有其他疾病等都可促进本病的发生。本病的死亡率为30%～90%。

【临床症状】　潜伏期1～2天,多为急性型。

流行初期多为最急性经过,幼貂突然散发死亡,即看不到异常症状,晚食吃光,翌日早饲发现死亡;或者以神经症状开始,病貂癫痫性抽搐尖叫,虚脱出汗,休克而死。

急性经过的病例,病程一般2～3天即死亡。病貂表现类似感冒,不愿活动,两眼睁得不圆,鼻镜干燥,体温升高,触诊脚掌比较热,食欲减退或不食,饮欲增高;胸型以呼吸系统症状为主,出现呼吸频数、心跳加快,患病幼貂鼻孔有少量血样分泌物,有的出现头、颈水肿,乃至眼球突出等异常现象;肠型以消化道症状为主,食欲减退、废绝,腹泻、稀便混有血液,眼球塌陷,卧在小室内不活动,通常在昏迷或痉挛中死去。

慢性经过的病貂精神不振,食欲不佳或拒食、呕吐,常卧于小室内,不活动,被毛欠光泽,消瘦,鼻镜干燥,腹泻,肛门附近沾有少量稀便或黏液;如不及时治疗,3～5 天或更长一点时间转归死亡。

【病理变化】　最急性死亡的貂尸营养状态良好,病变也不明显。剥开皮肤,皮下组织良好,只表现充血、淤血,色暗,紫红色,可视黏膜(眼、口)充血、淤血。

急性死亡的病貂病理变化比较明显,有的头部、腹股沟部、颈部皮下水肿,轻度黄染,末梢血管充盈,浅表淋巴结肿大,胸腔有少量淡黄红色黏稠的渗出液及出血点,心肌弛缓,心包膜和心内、外膜有出血点,乳头肌呈条状出血。膈肌充血、出血。大网膜、肠系膜充血、出血。脾脏肿大,折叠困难,边缘钝。肝脏充血、淤血、增大,切开有多量褐红色血液流出,质脆,有的黄染,呈土黄色。肾脏皮质充血、出血,切面混浊,肾包膜下有出血点。肠系膜淋巴结肿大。甲状腺肿大。

慢性死亡的水貂尸体消瘦,贫血。内脏器官常发生不同程度的坏死区,以肺脏较显著,肺的肝变区扩大并有坏死灶。胸腔常有积液及纤维素沉着。鼻炎型病例剖检时可见鼻腔内有多量鼻液,鼻黏膜充血,轻度至中度水肿和肥厚,鼻窦与副鼻窦黏膜红肿并蓄积多量分泌物。

【诊　断】　根据流行特点、临床症状和病理变化,可以作出初步诊断,进一步确诊需采取濒死期或新死亡水貂的心血、肝、脾做细菌学检查。

【防　治】　发病后首先要改善饲养管理,从日粮中排除可疑饲料,投给新鲜易消化的饲料,以提高机体抵抗力。早期应用抗生素和磺胺类药物具有很好的治疗效果。对病貂和可疑病貂要尽早使用大剂量的青霉素(20 万～40 万单位)肌内注射,1 日 3 次;或用拜有利注射液,每千克体重肌内注射 0.05 毫克,每日 1 次;也可用环丙沙星注射液,每千克体重肌内注射2.5～5毫克,每日3次。连续用药3～5天,直至把病情控制住为止。此外,大群可以投给恩诺沙星、诺氟沙星、土霉素(此药有蓄积毒性)、复方新诺明、增效磺胺等。特效治疗方法是注射抗家畜巴氏杆菌病的单价或多价血清,成年水貂10～15毫升/次,4个月龄幼貂为5～10毫升/次。

预防本病应加强卫生防疫工作,改善饲养管理。平时严格检查饲料,特别是犊牛、仔猪、羔羊、禽类及兔肉制品加工厂的下脚料,一定要多加注意,其最易引起水貂的巴氏杆菌病,一定要高温无害化处理后再喂。发现巴氏杆菌污染的饲料坚决销毁。同时应建立健全兽医卫生制度,定期消毒,严防鸡、猪进入貂场。本病特异性预防措施,就是定期接种水貂巴氏杆菌疫苗。但目前国内外生产的巴氏杆菌疫苗免疫期仅为3～6个月,1年要多次接种,所以在养貂业中应用得不普遍。

七、水貂出血性肺炎

水貂出血性肺炎又称绿脓杆菌病,是水貂的一种急性传染病。其以肺出血,耳、鼻出血和脑膜炎为特征,常呈地方性流行,病程短,死亡率高。

【病　原】　绿脓杆菌为需氧性无芽胞的革兰氏阴性小杆菌。该菌广泛分布于自然界、人和动物的粪便内,以及水和污泥浊水中。绿脓杆菌对外界环境的抵抗力比一般革兰氏阴性菌强,在潮湿环境中能保持病原性14～21天,在干燥的环境下,可以生存9天。55℃加热1小时可被杀死。对一般的消毒药敏感,0.25%甲醛、0.5%苯酚和苛性钠、1%～2%来苏儿、0.5%～1%醋酸溶液均可迅速杀死。因该菌有广泛的酶系统,能合成自身生长所需的蛋白质,不易受各种药物的作用,因此对常用的抗生素大都不敏感。

【流行病学】　水貂对绿脓杆菌很易感。绿脓杆菌是水貂体内的常在菌之一,当水貂抵抗力降低时,也可发病。患病和带菌水貂是本病的重要传染源。蚕蛹也常是本病的传染源。家鼠可传播散布本病。感染的主要途径是通过消化道和呼吸道经过口腔和鼻感染。当水貂食入了被绿脓杆菌污染的饮水、饲料或在某些应激因素的作用下,肠道内的正常菌群发生紊乱后,绿脓杆菌大量繁殖而致病。污染的尘埃和绒毛可通过呼吸道使水貂感染发病。

本病没有明显的季节性,但夏、秋季节(8～10月份)最易发生。据报道,幼貂发病率高达90％以上,老年貂发病率低。饲养管理不当及环境卫生不良可诱发本病。该病近年来在水貂和狐发病呈上升势头,呈地方性流行。

【临床症状】　潜伏期19～48小时,最长的4～5天。呈超急性或急性经过。死前看不到明显症状,或出现食欲废绝,体温升高,鼻镜干燥,行动迟钝,流泪、流鼻液、呼吸困难。多数病貂出现腹式呼吸,并伴有异常的尖叫声。有些病例可见咯血、鼻出血或耳道出血。常在发病后1～2天死亡。

【病理变化】　肺大面积出血,呈黑红色,肺泡及各大小支气管内充满出血性泡沫状液体,投入水中下沉;胸腔充满血样渗出液,病变严重的呈大理石样外观。幼貂胸腺布满大小不等的出血点或斑,呈暗红色。心肌弛缓,冠状动脉沟有出血点。脾脏肿大、出血,呈黑红色。肾脏出血,呈黑红色。肝脏肿胀、出血。胃和小肠前段内有血样内容物,黏膜充血,出血。

【诊　断】　根据流行特点、临床症状和病理变化可以作出初步诊断。确诊需作细菌学诊断。

【防　治】　由于不同血清型的绿脓杆菌对不同抗生素的敏感性不一致,所以很多学者认为,在临床实践中单一的特效药是没有的,应用几种抗生素或与磺胺类合用效果较好。如对全场健康貂用庆大霉素7～10毫克/千克体重;多黏菌素2～5毫克/千克体重拌料,1天2次,连用4～5天。对发病的轻症水貂可用庆大霉素2～5毫克/千克体重;青霉素15万～20万单位/千克体重,肌内注射,1天2次,连用3～4天;或多黏菌素、新霉素、庆大霉素、卡那霉素等各1000～1500单位,分3次肌内注射,或分2次混于饲料中喂给,都能收到效果。

预防本病可定期接种疫苗。我国已研制出水貂假单胞菌病脂多糖菌苗,效果很好,可做预防或紧急接种用。正常情况下可在8～9月份进行本疫苗的预防接种,经5～6天产生坚强的免疫。

平时应加强饲养管理和注意提高机体的抵抗力,特别是要注意貂场的饮水卫生和灭鼠。

八、大肠杆菌病

大肠杆菌病是由致病性大肠杆菌的某些血清型所引起的一类人兽共患传染病。其对断奶前后的幼龄水貂危害严重,常呈败血性经过,伴有严重的腹泻,并侵害呼吸系统和中枢神经系统。

【病　原】　大肠杆菌为两端钝圆的短杆菌,革兰氏阴性。本菌对外界不利因素抵抗力不强,一般的消毒药都能杀死,如苯酚、甲醛溶液等5分钟即可杀死,55℃经过1小时,60℃经过15～30分钟,该菌死亡。

患病和带菌动物是本病的主要传染源。被污染的饲料和饮水也是本病的传染源。主要是发病水貂的粪便污染饲槽、饲料及饮水,经消化道感染。本病也常自发感染,当饲养管理条件不良使动物机体抵抗力下降时,肠道内正常菌群发生紊乱,大肠杆菌很快繁殖,毒力不断增强,破坏肠道进入血液循环而诱发本病。

本病为幼、仔貂多发的一种肠道传染病,以重度腹泻和败血症为特点,多发生于断奶前后的幼貂,多呈暴发流行,成年和老年貂很少发病。流行有一定的季节性,北方多见于8～10月份,南方多见于6～9月份。水貂主要为急性或亚急性经过,如不加治疗,死亡率在20%～90%。

【临床症状】　新生仔貂患病表现不安,不断尖叫,被毛蓬乱,发育迟缓,腹泻,尾和肛门污染粪便。当轻微按压其腹部时,常从肛门排出黏稠度不均匀的液状粪便,其颜色为绿色、黄绿色、褐色或淡黄白色。在粪便中有未消化的凝乳块等。出现上述症状1～2天后,仔貂精神委靡,常在小室内不出来活动,而母貂常把患貂叼出,放在笼网上。日龄大的仔貂表现食欲下降、消瘦、不愿活动,持续性腹泻,粪便呈黄色、灰色或暗灰色,并混有黏液,重症病例排便失禁。病貂虚弱无力,眼窝凹陷,两眼无神,半睁半闭,弓背,后肢无力,步态蹒跚,被毛蓬乱、无光泽。幼貂患病时,有的还出现角弓反张、抽搐、痉挛及后肢麻痹等神经症状。母貂在妊娠期患病时发生大批流产和死胎。

【病理变化】　病死貂尸体消瘦。肝脏肿大、有出血点。脾脏肿大2～3倍。肾脏充血、质软。心肌变性。胃肠呈卡他性或出血性炎症变化,尤以大肠明显,肠壁菲薄,黏膜脱落,肠内充满气体,犹如鱼鳔样,肠内容物混有血液,肠系膜淋巴结肿大、出血。

【诊　断】　根据流行病学、临床症状和病理变化可作出初步诊断,确诊需采取未经抗菌药治疗水貂的心脏、血液、实质器官和脑等进行细菌学检查。

【防　治】　治疗首先除去不良的饲料,改善饲养管理,使母貂及仔貂能够吃到新鲜、易消化、营养全价的饲料,不断提高机体的抵抗力。特异性治疗可用仔猪、犊牛、羔羊大肠杆菌病的高免血清治疗,1～2月龄的仔貂皮下注射5～6毫升血清。药物治疗应选择对该菌敏感的药物,如恩诺沙星、环丙沙星、庆大霉素和黄连素等药物,连用3～5天。大肠杆菌的高敏药物为恩诺沙星、环丙沙星,肌内注射每日2次,每千克体重2.5～5毫克。也可用拜有利注射液,每千克体重0.05毫升,肌内注射,每日1次。此外,按每千克体重给仔貂口服链霉素0.1～0.2克,或新霉素0.025克,或土霉素0.025克,或菌丝霉素0.01克,疗效显著。

平时预防应从增强机体抵抗力和减少致病菌数量等方面着

手,加强饲养卫生管理,不断地改善饲养环境,使母貂和仔貂吃到新鲜、易消化、营养全价的饲料。产仔后要保持小室内的卫生与清洁,及时清理小室内的食物。在本病多发季节,应提前进行药物预防。在母貂或开始采食的幼貂饲料内拌入维吉尼亚霉素、氯霉素或土霉素等,对预防仔貂的大肠杆菌病、梭菌性肠炎和下痢具有良好效果。为预防大肠杆菌病,可在健康貂场母貂配种前 15～20 天内,发病貂场妊娠期 20～30 天内,注射家畜大肠杆菌病和副伤寒病多价甲醛疫苗,间隔 7 天注射 2 次。健康仔貂可在 30 日龄起接种上述疫苗 2 次;虚弱仔貂可接种 3 次。用量按疫苗说明书的规定。

九、沙门氏菌病

沙门氏菌病又称副伤寒,是由沙门氏杆菌引起的各种野生动物、家畜、家禽和人的多种疾病的总称。本病是幼貂常发的急性传染病。主要特征是发热,腹泻,体重迅速减轻,脾脏显著肿大和肝脏的病变,呈地方性暴发流行。

【病　原】　沙门氏杆菌为两端钝圆、中等大小的直杆菌,革兰氏染色阴性。其对外界抵抗力较强,在干燥的沙土中可生存 2～3 个月,在干燥的排泄物中可存活 4 年之久。

【流行病学】　患病动物和带菌动物以及被沙门氏菌污染的饲料是本病的主要传染源。患过沙门氏菌病的畜(禽)肉和副产品及乳、蛋也是主要的传染源。本病主要经消化道感染。水貂食入被污染的饲料和患沙门氏菌病的畜(禽)肉、乳、蛋和副产品,如鸡架、鸡肝、鸭肝、鸡肠及其他动物内脏等最易引起发病。此外,啮齿动物、禽类和蝇等也能将病原菌携带入貂场引起感染。

本病具有明显的季节性,一般发生在 6～8 月份,常呈地方性流行。发病经过多急性,主要侵害 1～2 月龄的仔貂。成年貂对本病有一定的抵抗力,如发生大多数也在夏季。本病的死亡率较高,一般可达 40%～65%。

【临床症状】　潜伏期为 3～20 天,平均为 14 天。根据机体抵抗力及病原毒力和数量等不同,可出现多种类型的临床症状,大致可区分为急性、亚急性和慢性 3 种。

急性型病貂表现拒食,先兴奋,后沉郁,体温升高至 41～42℃,只有在死前体温下降。大多病貂躺卧于小室内,走动时弓腰,两眼流泪,行动缓慢,腹泻,呕吐,在昏迷状态下死亡。病程一般短者 5～10 小时死亡,长者 2～3 天死亡。多以死亡告终,偶有幸存者可转为慢性。

亚急性病貂主要表现胃肠功能紊乱,体温升高至 40～41℃,精神沉郁,呼吸减弱,食欲废绝,被毛蓬乱,眼下陷无神,有时出现化脓性结膜炎。少数病例有黏液性鼻液或咳嗽。后期出现后肢不全麻痹,在高度衰竭的情况下,7～14 天死亡。

慢性型病貂表现食欲减退,胃肠功能紊乱,腹泻,粪便混有黏液,逐渐消瘦、贫血、眼球塌陷,有时出现化脓性结膜炎。被毛蓬乱,失去光泽及集结成团。病貂大多躺于小室内,很少走动,行走时步法不稳,缓慢前进,在高度衰竭的情况下死亡。病程多为 3～4 周,有的可达数月之久。

在配种期和妊娠期发病的母貂出现大批空怀和流产,空怀率达 14%～20%,在产前 5～15 天流产达 10%～16%;即使不流产,产下的仔貂也会发育不良,多数在出生后 10 天内死亡,死亡数占出生数的 20%～22%。

哺乳仔貂患病时表现虚弱,不活动,吸乳无力,同窝仔貂分散于窝内,有时发生昏迷或抽搐,做侧卧、游泳样运动,发出轻微的呻吟和鸣叫,有的发生抽搐与昏迷,多数 2～7 天后死亡。耐过者发育迟缓,恢复后长期带菌。

【病理变化】　病貂可视黏膜、皮下组织、肌肉、脏器都有程度不同的黄染。胃空虚或有少量食物和黏液,胃黏膜增厚,有皱褶,有时充血,少数病例胃黏膜有散在的出血点。急性型肝脏出血,呈黑红色;亚急性和慢性型肝脏呈不均匀的土黄色。胆囊肿大、充盈,内有浓稠的胆汁。脾脏多数高度肿大,可增大6~8倍,质脆,被膜紧张,呈黑红色或暗褐色。纵隔、肛门及肠系膜淋巴结肿大2~3倍。肾脏微肿。多数病例肺脏无明显变化。慢性病例心肌变性呈煮肉样,脑实质水肿。

【诊　断】　根据流行特点、临床症状及病理变化,可以作出初步诊断,最终确诊需做细菌学检查。可以从死亡的病貂脏器和血液中分离细菌进行培养鉴定。

【防　治】　发病后首先应改善饲养管理,保证病貂能吃到质量好、易消化、适口性强的饲料(新鲜的肉、肝、血等)。治疗常用以下药物:氯霉素,0.02克/千克体重,内服,每日4次,连用4~6天;肌内注射量减半。新霉素和左旋霉素混于饲料中喂给,连续应用7~10天,幼貂剂量为5~10毫克,成貂为20~30毫克。呋喃唑酮,0.01克/千克体重,分2次内服,连服5~7天。磺胺甲基异噁唑或磺胺嘧啶,0.02~0.04克/千克体重,或甲氧苄啶0.004~0.008克/千克体重,分2次内服,连用1周。也可用大蒜5~25克捣成蒜泥内服,或制成大蒜酊(将大蒜捣成泥,加入等量75%医用酒精,搅拌均匀,浸泡12~15小时后,经双层灭菌纱布过滤,所得滤液即为大蒜酊)内服,每日3次,连服3~4天。为保持心脏功能,可皮下注射10%樟脑磺酸钠,幼貂为0.5~1毫升,成年貂2毫升;也可以用泰诺康注射液、拜有利注射液,每天注射1次。对全群健康动物用百痢安拌料,可有效预防本病的发生。

加强母貂妊娠期和哺乳期饲养管理,仔貂补饲期和断奶初期更应注意,保证供给新鲜、优质全价和易消化的饲料,注意小室内的卫生。在幼貂培育期,必须喂给质量好的鱼、肉饲料,畜禽的下脚料要经无害化处理后再喂,腐败变质的饲料不要喂。定期消毒食盆、食碗。饲料更换应逐渐进行,加工要严格细致。养殖场内要防鼠。

十、魏氏梭菌病

魏氏梭菌病又称肠毒血症,是由魏氏梭菌引起的水貂的一种急性中毒性传染病。其临床主要特征是急性下痢,排黑色黏性粪便,腹部膨大,胃肠严重出血和肾脏软。

【病　原】　魏氏梭菌又称产气荚膜杆菌,为革兰氏阳性、厌气性大杆菌。本菌广泛存在于自然界、土壤、污水、人和动物肠道及其粪便中。水貂魏氏梭菌病是由 A 型魏氏梭菌引起,其抵抗力较强,能耐受煮沸 1～6 小时。本菌可产生强烈的外毒素,煮沸 30 分钟被破坏。

【流行病学】　被魏氏梭菌污染的鱼、肉类饲料是本病的主要传染源。患病和带菌动物由粪便向体外排出病原体。水貂吞食被本菌污染的肉类饲料或饮水经消化道感染。此外,饲养管理不当、饲料突然更换、气候骤变、蛋白质过量、粗纤维过低等,使胃肠正常菌群失调,可造成肠道内 A 型魏氏梭菌迅速繁殖,产生毒素,引起发病。仔貂对本病最易感。

本病一年四季均可发生,流行初期,个别散发,出现死亡。病原菌随着粪便排出体外,毒力不断增强,传染不断扩散。1～2 个月或更短的时间内,大批水貂患病。特别是双层笼饲养或一笼多只饲养,以及卫生条件不好,能促进本病发生和发展。发病率为10％～30％,病死率达 90％～100％。

【临床症状】　潜伏期12～24 小时。超急性病例不见任何症状或仅排少量糊状黑粪即突然死亡。急性病例可见病貂食欲减退或拒食,很少活动,久卧于小室内,步履蹒跚,呕吐;粪便为液状,呈绿色混有血液,最后为煤焦油色糊状;腹部膨胀,有腹水;尿色暗呈茶色;常发生肢体不全麻痹或麻痹,在2～3 天内死亡,个别的可拖延 1 周左右。

【病理变化】 剖检主要特征为胃黏膜有黑色溃疡。

【诊　断】 根据流行特点、临床症状和病理变化可作出初步诊断,最有诊断价值的剖检变化是胃黏膜上的弥漫性圆形的溃疡病灶。确诊需采取肝、脾等新鲜病料做细菌学检查和毒素测定。

【防　治】 本病至今尚无特效疗法。发现本病后,立即查明是否因变质的或不洁的饲料引起。停止饲喂不洁的变质的饲料,不要随意改变饲料配比和突然更换饲料。一般用抗生素、磺胺类和喹诺酮类药物肌内注射或预防性投药。如新霉素、土霉素、黄连素、氟哌酸等药物,每千克体重按 10 毫克投于饲料中喂给,早、晚各 1 次,连用 4~5 天。庆大霉素,肌内注射,2~5 毫克/千克体重,或恩诺沙星 3~5 毫克/千克体重,1 天 1~2 次,连用 3~5 天。为了促进食欲,每天还可肌内注射维生素 B_1 或复合维生素 B 注射液和维生素 C 注射液各 1~2 毫升,重症者可皮下或腹腔补液,注射 5% 葡萄糖盐水 10~20 毫升,背侧皮下可多点注射,也可腹腔一次注入。

预防本病主要是严格控制饲料的污染和变质,质量不好的饲料不能喂。全年在饲料中拌入弗吉尼亚霉素 20~30 毫克/千克,可有效防止本病的发生。

十一、克雷伯氏菌病

水貂克雷伯氏菌病是由两种克雷伯氏杆菌引起的以脓肿、蜂窝组织炎、麻痹和脓毒败血症为特征的细菌性传染病。本病呈暴发流行,具有较高死亡率。

【病　原】 克雷伯氏菌为革兰氏阴性,常呈两极着色,寄生于动物呼吸道或肠道,在呼吸道内比在肠道内多见,在水和土壤中也能发现,为条件病原菌。本菌对 0.2% 氯化铵具有较高的敏感性,在 0.2% 苯酚中 2 小时失去活力,对卡那霉素等抗菌药敏感。

【流行病学】 消化道是主要感染途径,通过被污染的饲料(肉制品加工厂的下脚料,如乳房、脾脏、子宫等)传染,亦可通过患病动物的粪便和被污染的水传播。哺乳期仔貂和育成貂易感染。据报道,某貂场发生水貂克雷伯氏菌病时,老、青年貂和公母貂均有发生,发病率为 3.87%,病貂的死亡率为 56.04%,治愈率为43.96%。

【临床症状】　根据临床表现可分为 4 个类型。

1. 脓肿型　病貂精神沉郁,食欲减退,周身出现小脓肿,特别是颈部、肩部出现许多小脓疱,破溃后流出黏稠的白色或淡蓝色的脓汁。大多数形成瘘管,局部淋巴结形成脓肿。

2. 蜂窝织炎型　病貂多在喉部出现蜂窝织炎,并向颈下蔓延,可达肩部,化脓、肿大。

3. 麻痹型　病貂食欲不佳或废绝,后肢出现麻痹,步态不稳,多数病貂在出现症状后 2～3 天死亡。如果局部出现脓肿,则病程更短。

4. 急性败血型　病貂突然发病,食欲急剧下降或废绝,精神高度沉郁,呼吸困难,很快死亡。

【病理变化】　脓肿型病貂体表有脓疱,特别是颌下或颈部淋巴结易出现,切开时流出黏稠的灰黄白色的脓汁。蜂窝织炎型病貂肝脏明显肿大,脾脏肿大 3～5 倍,出血、充血、淤血,呈暗紫黑红色;肾上腺肿大;肺有小脓肿;在颈部或躯体其他部位发生蜂窝织炎时,局部肌肉呈灰褐色或暗红色。麻痹型病貂膀胱充满黄红色尿液,膀胱黏膜增厚,肾和脾也明显肿胀。急性败血型病貂尸体营养状态良好;死前有明显呼吸困难的病貂呈现化脓性或纤维素性肺炎和心内、外膜炎,脾脏肿大。

【诊　断】　根据流行病学、临床表现和病理变化可作出初步诊断,确诊需采取死亡病貂的心血、肝、脾、肾、肺做涂片或触片染色镜检,然后再进行细菌分离培养鉴定。

【防　治】　发现本病应立即将病貂和可疑病貂及时隔离出

来。同时用庆大霉素、卡那霉素、环丙沙星、恩诺沙星、磺胺类药物等进行治疗。对体表脓肿的，应切开排出脓汁，再用3%过氧化氢冲洗创腔后撒布消炎粉或其他抗菌药物。全身疗法可肌内注射链霉素，25～50万国际单位，1天2次，直到治愈为止；环丙沙星口服，成年貂按每日每只10毫克，连服5～7天。此外，庆大霉素、磺胺类药物对克雷伯氏菌也有较好的治疗效果。

平时注意对饲料，尤其是肉制品加工厂的下脚料（如乳房、淋巴结等）的使用严格控制，注意饮水卫生，做好消毒和灭鼠工作。

十二、秃毛癣

秃毛癣又称皮肤霉菌病，是由皮霉菌类真菌引起的水貂皮肤传染病，俗称钱癣或匐行疹。特征是在皮肤上出现圆形秃斑，覆盖以外壳、痂皮及稀疏折断的被毛。常呈地方性暴发，使毛皮质量下降。

【病　　原】　皮霉菌类真菌的种类很多，侵染水貂的主要是小孢子属的犬小孢子菌、石膏状小孢子菌和须发癣菌。

【流行病学】　各年龄水貂均易感，幼貂易感性强，人也可感染。维生素缺乏，特别是维生素C不足对本病发生有一定的促进作用。病貂是主要传染源。患病动物病变部分脱落的毛和皮屑含有病原菌丝和孢子不断污染环境，且能在环境中保持很长时间的感染力。病原体可依附在植物或其他动物身上，或生存在土壤中。本病主要通过水貂直接接触或间接经护理用具（扫帚、刮具）、垫草、工作服、小室等传播。患发癣病的人也可携带病原到貂场。啮齿动物和吸血昆虫可能是病原体的传染媒介。

本病一年四季都可发生，在炎热潮湿的季节多发，以幼貂发病率较高。发病率因养殖环境、年份及管理水平不同而有很大差异。本病开始出现在一个饲养班组的貂群中，病貂被毛和绒毛由风散布，迅速感染全场。

【临床症状】　潜伏期为8～30天。本病在头颈、四肢皮肤上出现圆形斑块。起初斑块呈规则圆形,汇合后形成大小不等、形状不一的灰色斑块,上面无毛,或有少许折断的被毛,覆盖以鳞屑或外壳,剥开外壳露出充血的皮肤,压迫时从毛囊中流出脓样物,干涸后形成痂皮。常在脚趾间和趾垫上发生病变,起初病变呈圆形,分界不明显,逐渐融合形成规则的区域,无痒感。如不治疗,在患貂背腹两侧形成手掌大或更大的秃毛区。个别病例整个皮肤覆盖以灰褐色痂皮。

【诊　断】　根据临床症状和真菌检查可以确诊。真菌检查包括伍兹灯照射、显微镜检查及培养试验。

【防　治】　将病貂局部残存的被毛、鳞屑、痂皮剪除,用肥皂水洗净,涂以克霉唑或益康唑软膏、癣净等药物。在局部治疗的同时,内服灰黄霉素,每日 25～30 毫克/千克体重,连服 3～5 周,直到痊愈。

平时加强养殖场内和笼舍内的卫生管理,饲养人员注意自身的防护,防止感染。患皮肤真菌病的人不要与水貂接触。病貂的笼具可用 5％苯酚热溶液(50℃)或 5％克辽林热溶液(60℃)喷洒消毒。

十三、钩端螺旋体病

钩端螺旋体病又称细螺旋体病、传染性黄疸、血色素尿症,是由钩端螺旋体引起的人兽共患传染病。临床表现和病理变化多种多样,主要症状有短期发热、黄疸、血红蛋白尿、出血性素质、水肿、妊娠母貂流产、空怀等。

【病　原】　钩端螺旋体很纤细,螺旋整齐致密,革兰氏染色不易着色。本菌对外界抵抗力较强,耐寒冷,特别是在高湿和微偏碱性的环境中可存活 6 个月,但对干燥、热、酸、强碱、氯、肥皂水及普通消毒药均较敏感,很易被杀死,对土霉素、链霉素等也敏感。

【流行病学】　本病不分年龄和性别,但以 3～6 月龄幼貂最易感,发病率和死亡率也最高,幼貂达 80％以上,成年貂较少。病貂和带菌动物主要由尿排菌,是本病的主要传染源。病鼠、病貂的带菌尿污染低湿地而成为危险的疫源地。主要经消化道感染,当水貂吞食了被污染的饲料和饮水,或食入了患本病的家畜内脏即发生感染,也可通过健康的或受损伤的皮肤、黏膜、生殖道感染。带菌的吸血昆虫如蚊、虻、蜱、蝇等亦可传播本病。

本病虽然一年四季都可发生,但以夏秋季节多发,6~9 月份,尤其是雨水多且吸血昆虫较多时高发。本病的特点为间隔一定的时间成群地暴发,但不波及整个貂群,仅在个别年龄貂群中流行。

潜伏期为 2～12 天。发病率和死亡率都很高,可达70％～80％。临床上分为 2 型。

1. 水貂波摩那型　主要表现粪便黄稀。多数病例饮水迅猛,体温升高,心跳加快,食欲减退或废绝,精神沉郁;有的出现呕吐,呼吸加快,反应迟钝,隔居小室内,两眼睁得不圆,倦怠,后躯不灵活,眼结膜苍白;口腔黏膜黄染,有的有坏死或溃疡灶;有的突然发病,未见明显症状即死亡。后期体温不高,贫血明显,可视黏膜黄染、不洁,表现出血性素质;严重的后肢瘫痪,尿湿,排出煤焦油样稀便,转归死亡。

2. 出血、黄疸型　除有黄疸症状外,其他症状与波摩那型病貂相似,但死亡率低。

【病理变化】　急性经过病例的尸体肥度良好,皮肤、皮下组织、全身黏膜及浆膜发生不同程度的黄疸;肝脏肿大,呈土黄色;大网膜、肠系膜黄染。慢性病例尸体高度衰竭和显著贫血;个别病例有轻度黄疸,尸僵显著;肾有散在的灰白色病灶,粟粒至豆粒大,略呈圆形;膀胱多充满茶色略带混浊的尿液。

【诊　断】　根据流行病学、临床症状及病理变化可作出初步诊断,确诊需要实验室检查。

【防　治】　本病在早期不易发现,一旦发现症状就是中、晚期,所以治疗效果一般不理想。轻症病例,可用青霉素或链霉素60万单位1天分3次肌内注射,连续治疗2～3天;重症的连续5～7天。同时配合维生素 B_1 和维生素C注射液各1～2毫升,分别肌内注射,1天1次。为了维护心脏功能,应给予强心剂;腹泻时可给予收敛药物;如有便秘,可投服缓泻药。此外,用0.1％高锰酸钾液或呋喃西林液冲洗口腔,用碘甘油涂抹溃疡。

预防本病,除了实行一般卫生防疫措施外,应特别注意检查肉类饲料,发现有本病可疑症状(黄疸、黏膜坏死和血尿)的肉类及副产品必须煮熟后饲喂。场内一定要挖好排水沟,不能过于潮湿和积水。要重视灭鼠,防止啮齿动物污染饲料和饮水。

十四、肉毒梭菌毒素中毒

肉毒梭菌毒素中毒是由于食入肉毒梭菌毒素而引起的一种中毒性疾病。特征是运动神经麻痹。

【病　原】　肉毒梭菌为专性厌氧两端钝圆的大杆菌,革兰氏阳性(有时可呈阴性),主要存在于土壤中,在土壤中可存活多年。该菌在适宜的条件下生长繁殖能产生外毒素,其毒力极强,已超越所有已知细菌毒素。该毒素对低温和高温都能耐受,当温度达到105℃时,经1～2小时才能破坏,胃酸及消化酶不能使其破坏。引起水貂中毒的多为C型毒素。

【流行病学】　水貂发病主要是食入了被肉毒梭菌毒素污染的肉和鱼类饲料经胃肠吸收,引起中毒。发病没有年龄和性别差异,一年四季均可发生,但以夏秋季节多发,常呈群发。病程3～5天,个别有7～8天。本病突然发生,病情严重性和延续时间取决于水貂食入的毒素量。死亡率高达100％。

【临床症状】　水貂食入含毒素的饲料后8～12小时,突然发病;慢者48～72小时。多为超急性经过,少有急性经过者。

发病水貂表现为运动不灵活,躺卧,不能站立,后肢先出现不全麻痹或麻痹,不能支撑身体,拖腹爬行(即海豹式行进),继而前肢也出现麻痹。当咽部肌肉麻痹时,出现采食和吞咽困难,流涎。颈部肌肉麻痹出现头下垂。后期卧地不起,大小便失禁,呼吸困难,多数水貂于短期内死亡。有的病貂痛苦尖叫,进而昏迷死亡,较少看到呕吐和腹泻。有的病貂没有明显症状而突然死亡,死前呈现阵挛性抽搐。

【病理变化】 尸体剖检一般无特殊变化。有时在胃内可发现异物,前部消化道通常空虚。

【诊　断】 根据食后8～12小时突然全群性发病,且多为发育良好、食欲旺盛的水貂发病,临床上出现典型的麻痹症状,并大批死亡,而剖检又无明显的病理变化,即可怀疑肉毒梭菌毒素中毒。确诊需采集可疑饲料或胃内容物做毒性试验。

【防　治】 本病具有来势猛、死亡快、群发等特点,一般来不及治疗,同时也无好的治疗方法。特异性治疗可用同型阳性血清治疗,效果一般。慢性经过病例可用土霉素,每千克体重10毫克,加入日粮或乳中投给,同时采取投给滑润剂、强心利尿等措施。

不使用含有肉毒梭菌毒素的饲料是预防本病的根本办法。平常要注意饲料卫生检查。腐败变质的动物肉或尸体不能喂水貂,不明原因死亡的动物肉或尸体最好不用,特别是死亡时间比较长的尸体;如果实在要用,一定要高温煮熟后再用。

十五、霉玉米中毒

霉玉米中毒是水貂采食了被黄曲霉或寄生曲霉污染并产生黄曲霉毒素的霉玉米后引起的一种急性或慢性中毒。

【病　因】 玉米、花生等植物种子及副产品由于收获或贮存不当,很易被黄曲霉和寄生曲霉寄生而发霉变质,黄曲霉和寄生曲霉可产生黄曲霉毒素。当水貂食入了被黄曲霉菌和寄生曲霉菌污染的发霉变质饲料后,就会引起黄曲霉毒素中毒。

【临床症状】　多呈慢性经过,到病的后期才表现出临床症状,如食欲减退、呕吐、腹泻、精神沉郁、抽搐、震颤、口吐白沫、角弓反张、癫痫性发作等,在停食后经过1~2天即很快死亡。急性病例在临床上看不到明显症状即死亡。

【病理变化】　死亡水貂的腹水呈淡红色,肝脏肿大、黄染、质硬;肾脏呈苍白色;胃肠道黏膜出血。

【诊　断】　根据喂料后,在同一时间内多数水貂发病或死亡,慢性病例出现食欲不佳、剩食、腹泻及病理剖检变化即可作出初步诊断,确诊需对饲料样品进行检验。

【治　疗】　立即停喂可疑饲料,更换食盆或食碗。在饲料中加喂蔗糖、葡萄糖或绿豆水,静脉或腹腔注射等渗葡萄糖注射液(5%葡萄糖),同时肌注维生素C、维生素B_1和维生素K注射液各1~2毫升,防止内出血和促进食欲。

十六、食盐中毒

食盐(氯化钠)是动物体不可缺少的矿物质成分,适量饲喂食盐可增进食欲,改善消化。在水貂养殖业中食盐中毒时有发生,有群发,有散发。

【病　因】　由于日粮食盐给量计算错误,或日粮内加食盐不用衡器称量饲喂而凭经验估计导致加量错误,或饲料中食盐混拌不均匀,或饲喂未经浸泡、盐分过高的咸鱼等,均可使日粮中食盐过量,特别是当貂群饮水不足的情况下,都可造成食盐中毒。

【临床症状】　中毒水貂出现口渴、兴奋不安、呕吐、从口鼻中流出泡沫样黏液,呈急性胃肠炎症状,癫痫性发作,嘶哑尖叫,最终于昏迷状态下死亡。有的病貂运动失调,或做旋转运动,排尿失禁,尾巴翘起,四肢麻痹,最后死亡。

【病理变化】　尸僵完全,口角流涎,口腔内有少量食物及黏液。肌肉呈暗色,干燥。胃肠道黏膜充血和肥厚。肺脏、肾脏及脑血管扩张、充血。个别病例心内膜、心肌、肾脏及肠黏膜有出血点。

【防　治】　立即停喂含盐的饲料，增加饮水，但要少量多次给水。病貂不能主动自饮的，可用胃管给水或腹腔注射5%葡萄糖注射液10～20毫升。为了维持心脏功能，可注射强心剂，皮下注射10%～20%樟脑油0.2～0.5毫升；也可皮下注射5%葡萄糖注射液5～10毫升。为缓解脑水肿，降低颅内压，可静脉注射25%山梨醇溶液或高渗葡萄糖溶液。为了促进毒物的排除，可用双氢克尿噻和液状石蜡。为缓解兴奋性和痉挛发作，可用溴化钾或硫酸镁注射液。

预防主要是严格按标准在水貂饲料中添加食盐并搅拌均匀；使用咸鱼喂水貂时，一定要脱盐充分。平时保证水貂有充足饮水。

十七、弓形虫病

弓形虫病是由龚地弓形虫引起的人兽共患的寄生虫病。

【病　原】　本病的病原体为龚地弓形虫（弓浆虫）。弓形虫为细胞内寄生虫，由于发育阶段不同，其形态各异。猫是弓形虫的终末宿主（也是中间宿主），哺乳类、鸟类、爬行类、鱼类和人都可以作为其中间宿主。水貂因吃了被猫粪便污染的食物或含有弓形虫速殖子或包囊的中间宿主的肉、内脏、渗出物、分泌物和乳汁而被感染。速殖子还可通过皮肤、黏膜而感染，也可通过胎盘感染胎儿。

【流行病学】　本病没有严格的季节性，但以秋冬和早春发病率最高，可能与寒冷、妊娠等导致机体抵抗力下降有关。猫在7～12月份排出卵囊较多。此外温暖、潮湿地区感染率较高。水貂弓形虫阳性率为10%～50%。

弓形虫后天感染可侵害任何年龄和性别的水貂。先天感染可通过母体胎盘，发生于妊娠的任何时期。在妊娠初期感染时，可能导致胎儿吸收、流产和难产；在妊娠后期感染时，可产出体弱胎儿，仔貂在哺乳期发生急性弓形虫病。

【**临床症状**】 潜伏期一般 7～10 天,也有的长达数月。急性经过的 2～4 周内死亡,慢性经过的可持续数月转为带虫免疫状态。

主要特征是中枢神经系统紊乱。急性期表现不安,眼球突出,急速奔跑,反复出入小室(产箱),尾向背伸展,有的上下颌动作不协调,采食缓慢且困难,不在固定地点排便,发生结膜炎、鼻炎,常在抽搐中倒地。沉郁型表现精神不振,拒食,运动失调,呼吸困难;有的病貂呆立,用鼻子支在笼壁上,驱赶时旋转,打转转,搔扒笼具,并失去方向性。

公貂患病不能正常发情,表现不能正常交配。偶然发现严重病貂恢复完全健康状态,但不久又呈现神经混乱而死亡。母貂患病常在笼壁上产仔,而不产于小室内,产下的仔貂常出现体躯变形,多数头盖骨增大,在出生后 4～5 天死亡。死亡率很高,尤其仔貂死亡率高达 90%～100%。

【**诊 断**】 根据流行病学、临床症状只能提供怀疑本病,确诊必须采集肝、肺、脾及肌肉组织进行实验室检查。

【**防 治**】 本病目前尚无有效治疗方法。有人介绍用氯嘧啶和磺胺二甲嘧啶(20 毫克/千克体重,肌内注射,1 天 2 次,连用 3～4 天)并用效果显著;或用磺胺苯砜 5 毫克/千克体重,每天 1 次。为了促进病貂食欲,辅以 B 族维生素和维生素 C。

在治疗发病个体的同时,必须对全场貂群进行预防性投药,常用磺胺对甲氧嘧啶 20 克或磺胺间甲氧嘧啶 20 克,三甲氧苄啶 5 克,多维素 10 克,维生素 C 10 克,葡萄糖 1 000 克,小苏打 150 克,混合拌湿料 50 千克,1 天 2 次,连喂 5～6 天。

平时应不让猫进入养殖场,防止猫粪对饲料和饮水的污染。鱼、肉及动物内脏类饲料均应煮熟后饲喂。弓形虫病死尸体及被迫屠宰的胴体要烧毁或消毒后深埋。取皮、解剖、助产及捕捉用具要煮沸消毒,或以 1.5%～2% 氯亚明、5% 来苏儿溶液消毒。

十八、附红细胞体病

附红细胞体病是由附红细胞体(简称附红体)寄生于水貂红细胞表面或血浆中而引起的一种人兽共患传染病。本病多为隐性感染,在急性发作期出现黄疸、贫血、发热等症状。

【病　　原】　附红细胞体是一种多形态的微生物,属立克氏体目、无形体科,种类很多,常见有兔 Elepus 牛温氏附红细胞体等。其对干燥和化学药品的抵抗力低,消毒药几分钟可杀死,但在低温条件下可存活数年。

【流行病学】　本病一年四季均可发病,但在夏、秋季节(7～9月份)多发。蚊、蝇及吸血昆虫叮咬可以造成本病的传播。此外,注射针头消毒不好可造成严重传播。许多成年水貂带虫,在应激因素作用下发病。

【临床症状】　潜伏期 6～10 天,有的长达 40 天。病貂表现发热,体温升高至 40.5～41.5℃以上,稽留热,食欲不振,拒食,偶有咳嗽、流鼻涕、呼吸迫促,可视黏膜(眼结膜、口腔黏膜等)苍白、黄染,机体消瘦,有的排血便,最终衰竭死亡。

【病理变化】　尸体消瘦,营养不良,被毛蓬乱;可视黏膜苍白、黄染;血液稀薄;肺脏有出血斑;肝脏肿胀,黄染,有出血斑,质脆;肠管黏膜有轻重不一的出血;脾脏肿大;肾出血严重。

【诊　　断】　根据流行病学特点、临床症状及病理变化可作出初步诊断。血片检查找到虫体,即可确诊。血液涂片用姬姆萨氏染色,在 1 000 倍显微镜下镜检,可见到红细胞变形,周边呈锯齿状或星芒状,有的红细胞破裂,在每个红细胞表面上附着有数目不等,少则几个,多则 10～20 多个,大小不一,直径为 0.25～0.75 微米,呈蓝紫色有折光性,外围有白环的附红细胞体,即可确诊。

【防　　治】　病貂用咪唑苯脲肌注,1～1.5 毫克/千克体重,1天 1 次,连用 3 天,效果较好;也可用盐酸土霉素注射液肌内注射,每千克体重 15 毫克；或用血虫净,3～5 毫克/千克体重,生理盐水稀释后深部肌内注射;同时可以注射复合维生素 B、维生素 C 及铁制剂。另外附红细胞体对庆大霉素、喹诺酮、通灭等药物也敏感。

平时应加强饲养管理,搞好卫生,消灭场地周围的杂草和水坑,以防蚊、蝇孳生传播本病。减少不应有的意外刺激,避免应激反应。大群注射疫苗时,要注意针头的消毒,做到一貂一针,严禁一针多用。平时应做全群预防性投药,可用多西环素粉,7～10 毫克/千克体重,拌料喂 5～7 天;也可用土霉素、四环素拌料。

十九、疥螨病

疥螨病又称螨虫病,是由于螨虫寄生在水貂的体表而引起的接触性传染性皮肤病。特征是伴有剧烈瘙痒和湿疹样变化。

【病　原】　目前在我国貂群中广为传播的螨虫主要是疥螨属的疥螨和痒螨。二者在水貂的临床表现上不好区分。

疥螨在外界温度 11～20℃ 时能保持生活力 10～14 天,在寒冷温度下(－10℃ 以下)经 20～25 小时死亡。直射阳光对其有致死作用,经 3～8 小时引起死亡。于干燥环境中当温度 50～80℃ 时,在 30～40 分钟内死亡。在水内加温至 80℃ 于几秒钟内死亡。

【流行病学】　本病多为接触传染。病貂是主要传染源。健康貂与病貂直接接触(密集饲养、配种等)或与被病貂污染的物体貂笼、小室、产箱、食盆、饮水盒、清洁用具、工作服和手套等接触也可以发生传染。此外,寄生于各种动物和人的疥螨可以相互感染;蝇可把疥螨携带到养貂场;被患疥螨病的老鼠污染的草,用来作水貂的垫草可以使水貂感染;犬和猫可把疥螨带入貂场。

【临床症状】　疥螨病最初症状常出现于脚掌部皮肤上,后蔓延到飞节及肘部,稍晚些时间出现在头部(鼻梁、眼眶、耳郭及其耳根部),有时也可发生于前胸、腹下、腋窝、大腿内侧和尾根,甚至蔓延至全身。当疥螨钻入皮内时,皮肤起初形成小的结节,此结节以后变为小的水疱。由于强烈瘙痒,患貂持续地搔抓、摩擦和啃咬使之破裂,排出分泌物,干燥后形成硬壳及结痂,粘着被毛,被毛逐渐脱落,皮肤秃毛部出现出血性抓伤。水貂全身皮肤被广泛侵害时,食欲废绝,有时发生中毒死亡。但多数病例经治疗预后良好。

【病理变化】 病死水貂尸体衰竭、贫血、常常水肿,特别是皮下组织有广泛性疥螨病变。

【诊 断】 根据瘙痒和皮肤变化,可作出初步诊断,结合查虫体检查发现螨虫即可确诊。虫体检查:于患部和健康交界处的皮肤上取刮下物(到出血为止),装入试管内,加入10%苛性钠(或苛性钾)溶液煮沸,待毛、痂皮等固形物大部分溶解后,静置20分钟,吸取沉渣,滴载玻片上,用低倍显微镜检查寻找幼螨、若螨和虫卵。

【防 治】 剪去患部及其周围被毛,除去污垢和痂皮,以温肥皂水或0.2%温来苏儿水洗刷,然后进行药物治疗。杀螨药常用特效杀虫剂1%伊维菌素或阿维菌素注射液,0.3毫克/千克体重,皮下注射,7~10天后再注射1次,一般经2次注射即可治愈。也可选择通灭、害获灭。同时用0.5%敌百虫溶液喷洒笼舍或用火焰喷灯对笼子杀螨。如有继发感染,应用青霉素、链霉素或磺胺类药等作全身治疗,单纯用杀螨虫药效果不好。

为防止疥螨被带入,严禁将野外捕获的野生毛皮动物及犬、猫等带进貂场,定期灭鼠,新引进的水貂应进行螨虫检疫。饲养人员与疥螨病貂接触时应做好个人防护,不允许患疥螨病的人饲养水貂。

二十、幼貂消化不良

幼貂消化不良是幼貂胃肠功能障碍的统称,是哺乳期和育成期水貂最常见的一种胃肠疾病。本病的主要特征是明显的消化功能障碍和不同程度的腹泻,具有群发的特点,但没有传染性。

【病 因】 妊娠母貂,特别是妊娠后期,饲料供应不足,尤其是蛋白质、矿物质和维生素缺乏时,营养代谢发生障碍,导致初乳的质量降低,仔貂从初乳中获得的母源抗体减少,抵抗力下降,是诱发仔、幼貂消化不良的先天性原因。

　　哺乳期母貂的饲养管理不当,特别是饲喂霉败变质食物后,毒素可经乳排出,仔貂吸吮乳汁后引起消化障碍;卫生条件不良,特别是母貂乳头不清洁,常常是引起仔貂消化不良的重要因素;小室垫草过度潮湿,或母貂叼入小室内的食物因存放时间过久而变质被仔貂采食,也可引起消化不良。

　　刚断奶分窝的幼貂消化机能尚不健全,仅适应母乳和高质量补充饲料,因此,当由母乳改喂饲料时,常因幼貂不适应新的生活环境和日粮的变更发生应激反应,而发生消化不良。

　　【临床症状】　哺乳期仔貂,特别是 10 日龄左右的仔貂,常常表现腹部膨胀,呕吐和排稀便,食欲下降,精神不振,体温正常。粪便常呈水样黄色,常含有未充分消化的奶块,也有的呈粥样绿色,有明显的酸臭味并混有气泡。肠音高朗并有轻度的腹痛表现,严重时转成肠炎,因脱水和代谢性酸中毒而死亡。

　　断奶分窝后的幼貂常表现呕吐,随后表现腹泻,粪内常带有大量黏液和泡沫并有恶臭气味,进一步发展形成肠炎,导致持续腹泻,肛门松弛,排粪失禁,有时继发肠套叠和直肠脱出,多因治疗不当而引起死亡。

　　【诊　　断】　根据发病原因和临床症状即可作出诊断。

　　【防　　治】　发病后首先应找出发病原因并采取相应措施。对发病仔貂,可向泌乳母貂饲料中加入一定量的药物,如土霉素、四环素,每只 0.1～0.2 克,1 天 1 次。对发病幼貂应禁食 8～10 小时,但不限制饮水。为了促进消化,可喂给健胃消食片、乳酶生、乳酸菌素片等。为防止肠道的感染,可肌内注射卡那霉素 10～15 毫克/千克体重,庆大霉素 0.5 万～1 万单位/千克体重,痢菌净 2～5毫克/千克体重等。为防止脱水,可给幼貂口服补液盐饮水,静脉或腹腔注射 5％葡萄糖氯化钠 100～300 毫升，效果更好。

为预防本病，在母貂妊娠期和哺乳期及仔貂断乳初期应加强饲养管理，改善卫生条件，给予新鲜、营养丰富的饲料，严禁使用变质、霉败的饲料。注意笼舍卫生，定期消毒小室，特别注意及时清除母貂叼入小室内的变质食物。在哺乳期间，要保持母貂的乳房卫生。

二十一、急性胃肠炎

水貂消化道比较短，胃炎和肠炎都是胃黏膜和小肠黏膜急性炎症，在临床上不好鉴别，统称为胃肠炎，是水貂的常见病。

【病　因】　主要有三：一是饲养管理不当，如腐败变质的饲料、饮水不洁、长期采食不新鲜的肉类，或粗纤维过多的谷物饲料；二是水貂肠道内的常在细菌群在常态下是无害的，但由于长途运输引起水貂过劳，或患感冒等疾病机体抵抗力下降时，这些常在菌则可导致严重的危害；三是继发于某些传染病和寄生虫病。

【临床症状】

1. 胃炎　病初食欲减退，有极度渴感，但饮水后即发生呕吐；后期食欲废绝，或因腹痛而表现不安，口腔黏膜充血、干燥发热，精神沉郁，不活动。若持续呕吐，可出现脱水、电解质紊乱及代谢性碱中毒症状。

2. 肠炎　腹部蜷缩，弯腰弓背，肠蠕动增强，伴有里急后重、腹泻、排蛋清样灰黄色或灰绿色稀便，严重者可排血便。体温变化不定，也可能升高至 40～41℃或以上；濒死期则体温下降。肛门及会阴部被毛有稀便附着，幼貂出现脱肛现象，腹部臌气；腹泻严重者，表现脱水、眼球凹陷、被毛蓬乱、昏睡，有的出现抽搐。病程一般急剧，多在 1～3 天由于治疗不及时或不对症而死。

【诊　断】　根据病史、临床症状，特别是对抗生素药物治疗反应良好，容易确诊。但有时胃肠炎易与某些传染病相混淆，应注意鉴别。

【防　治】　发病时,首先应着眼于大群防治,从饲料中排除不良因素,并在饲料中加入百痢安或氟苯尼考、磺胺类等抗菌药物,1天2次,持续5～7天,可有效控制本病的继续发生。对发病的水貂要采取以下措施:①米汤(每100毫升米汤中加入1克食盐,10克多维葡萄糖),每次100～150毫升,每日3次;或给予无刺激性饮食,如肉汤、牛奶等,然后逐渐调整,直至恢复正常饮食为止。②抑菌消炎是治疗胃肠炎的根本措施。可选用下列药物:黄连素0.1～0.5克,1天3次,内服;磺胺脒0.5～2.0克,1天3～4次,内服;氯霉素,0.02克/千克体重,1天4次,内服,连用4～6天(肌内注射用量减半);合霉素,用法与氯霉素相同,但用量增加1倍;呋喃唑酮,0.005～0.01克/千克体重,1天分2～3次,内服;链霉素0.1～0.5克,1天2～3次,内服。③强心、补液。可用林格尔氏液100～500毫升,维生素C 100～500毫克,25%葡萄糖液20毫升,静脉滴注,1天1～2次。不能静脉注射的养殖场,可用口服补液盐饮水补液。④为恢复食欲促进消化,可肌内注射复合维生素B注射液及维生素C注射液,各1～2毫升。

平时应加强饲养管理,严格控制来源不清楚、发霉变质的动物性饲料和谷物饲料,要重视饲料调制车间和饲料调制过程中的卫生状况。

二十二、感　冒

感冒是由于机体受寒引起的以上呼吸道黏膜炎症为主要症状的急性全身性疾病。临床特征是体温突然升高,打喷嚏,流泪,伴发结膜炎和鼻炎。哺乳期及分窝前后的幼貂在早春气候多变季节易发本病。

【病　因】　气温骤变,使水貂发生一系列生理变化,是导致感冒的最根本原因。

【临床症状】 本病多发生于雨后,早春、晚秋,季节交替,气温突变的时候。病貂在遭受寒冷刺激后突然发生精神不振,食欲减退,两眼湿润有泪,睁得不圆,鼻孔内有少量水样的鼻液,有的咳嗽,皮温升高,足掌发热,鼻镜干燥,剩食,不愿活动,多卧于小室内。

【诊 断】 根据水貂受寒冷作用后突然发病,体温升高,咳嗽及流鼻液等上呼吸道轻度炎症症状等即可作出诊断;必要时可应用解热剂进行治疗性诊断,迅速治愈的,即可诊断为感冒。

【防 治】 应用解热镇痛剂,如30%安乃近液,或安痛定液,或百尔定液,1~2毫升,肌内注射,1天1次。为促进食欲,可用复合维生素B注射液或维生素B_1注射液。为防止继发症,可用青霉素或广谱抗生素。

平时要加强饲养管理,增强机体抵抗力,防止水貂突然受凉,气温骤变时,采取防寒措施。

二十三、肺 炎

肺炎是支气管和肺的急性或慢性炎症。特征是呼吸障碍,低氧血症,以及由于从患部吸收毒素而并发的全身反应。

【病 因】 多从感冒、支气管炎发展而来,可由多种呼吸道微生物——肺炎球菌、大肠杆菌、链球菌、葡萄球菌、绿脓杆菌、真菌、病毒等引起。饲养管理不当,饲料不全价都可导致水貂抵抗力下降,引发肺炎。过度寒冷或小室保温不好,引起仔幼貂感冒,棚舍内通风不好、潮湿、氨气浓度过大,都会促进急性支气管肺炎的发生。

【临床症状】 病貂精神沉郁,鼻镜干燥,可视黏膜潮红或发绀,常卧于小室内,蜷曲成团;体温升高至39.5~41℃,弛张热;呼吸困难,呈腹式呼吸,每分钟呼吸达60~80次;食欲废绝。日龄小的仔貂多半呈急性经过,看不到典型症状,仅见叫声无力,长而尖,吮吸能力差,吃不到奶,腹部不膨满,很快死亡。成年貂也有发病,多数由于不坚持治疗而死亡。病程 8～15 天。

【病理变化】　急性经过的病例尸体营养状态良好,口角有分泌物;肺充血、出血,尤以尖叶为最明显,肺小叶之间有散在的肉变区(炎症区),切面暗红色有血液流出,支气管内有泡沫样黏液;心扩张,心室内有多量血液。

【诊　　断】　水貂急性支气管肺炎的诊断较为困难,主要是根据临床症状和剖检变化作出初步诊断。

【防　　治】　本病的治疗原则是消除炎症、祛痰止咳及制止渗出与促进炎性渗出物的吸收和排除。

抑菌消炎:青霉素 20 万～40 万单位,肌内注射,每 8～12 小时 1 次;链霉素 0.1～0.3 克,肌内注射,每 8～12 小时 1 次;二者合用效果更佳。磺胺二甲基嘧啶,用量 50 毫克/千克体重,静脉注射,每 12 小时 1 次。多西环素 7～10 毫克/千克体重,1 天 3 次,口服。氯霉素,口服,10 毫克/千克体重,每 12 小时 1 次。

祛痰止咳:可用复方甘草合剂、可待因、氯化铵、远志合剂等。

制止渗出与促进吸收:静脉注射 10%葡萄糖酸钙注射液 5～10 毫升,1 天 1 次。

为预防本病,提倡小室饲养,小室内要保持有干净的垫草,并要求干燥洁净,不透风,不潮湿。如果患感冒要及时治疗,以防病情恶化发展成肺炎。

二十四、流　产

流产是水貂妊娠中、后期妊娠中断的一种表现形式,是水貂繁殖期的常见病,常给生产带来巨大损失。

【病　　因】　引起水貂流产的原因很多,大体分为 3 类:①传染性流产。如布鲁氏菌病、结核病、真菌感染、沙门氏菌感染、弓形虫病、钩端螺旋体病等,都可引起流产。②非传染性流产。在养殖场中最多见的是饲养管理上出现失误,如饲喂霉败变质的鱼、肉及病死鸡的肉和内脏,或饲料数量不足及饲料不全价,特别是蛋白质、维生素 E、钙、磷、镁的缺乏,外界环境喧闹嘈杂和捕捉检查母貂操作不当等,都可引起流产。③药物性流产。在妊娠期间给予子宫收缩药、泻药、利尿剂与激素类药物等可导致流产。

【临床症状】 母貂剩食,食欲不好,由于流产的发生时期不同、病因及病理过程的不同,其临床症状也不完全相同,有以下六种表现:

一是胚胎消失,又称隐性流产。在妊娠的早期(20~30 天),胚胎大部分或全部被母体吸收,常无临床症状。

二是排出未足月且没有明显病理变化的死胎。胎儿及胎膜很小,常在无分娩征兆的情况下排出,多不被发现。

三是排出不足月的活胎,即早产。常在排出胎儿前 2~3 天,乳腺及阴唇出现肿胀,早产的胎儿活力很差。

四是胎儿干性坏疽,死于子宫内。由于子宫颈闭锁,死胎未被排出,胎儿及胎膜水分被吸收后体积缩小变硬,胎儿呈棕黑色。

五是胎儿浸溶。胎儿死于子宫内,使胎儿软组织液化分解后被排出,但因子宫颈未完全张开,死亡胎儿的骨骼仍留在子宫内。

六是胎儿腐败分解。胎儿死于子宫内,由于子宫颈张开,腐败菌侵入,使胎儿软组织腐败分解并产生气体积存于死胎的皮下、胸、腹腔内。母貂表现腹围增大,精神不振,呻吟不止,频频努责,从阴门流出污红色恶臭液体,食欲减退,体温升高。

【诊 断】 根据妊娠貂的腹围变化,外阴部附有污秽不洁的恶露和流出不完整的胎儿即可确诊。

【防 治】 针对不同情况,在消除病因的基础上,采取保胎或其他治疗措施。

对有流产征兆、胎儿尚存活的,应全力保胎,可用黄体酮 5~10 毫克,肌内注射,1 天 1 次,连用 2~3 天。对已发生流产的母貂,要防止发生子宫内膜炎和自体中毒,可肌内注射青霉素

10 万～20 万单位,1 天 2 次,连用 3～5 天;食欲不好的注射复合维生素 B 或维生素 B$_1$ 注射液,肌内注射 1～2 毫升。对不全流产的母貂,为防止继续流产和胎儿死亡,常皮下注射复合维生素 E 注射液1～2毫升,或 1%黄体酮 0.1～0.2 毫升。

为预防流产,在整个妊娠期要保持饲料恒定及新鲜全价。养殖场内要保持安静,清洁卫生,不要有其他动物进入养殖场。防止意外爆炸惊扰及鞭炮声。

二十五、难　产

难产是指母貂在分娩过程中发生困难,不能将胎儿顺利排出体外。

【病　因】　雌激素、垂体后叶素及前列腺素分泌失调,妊娠母貂过度肥胖或营养不良,产道狭窄、胎儿过大、胎位和胎势异常等,都可导致难产。

【临床症状】　一般认为母貂已到预产期并出现了临产征兆,时间超过 2～4 小时,仍不见产程进展,或胎儿已楔入产道达 6 小时仍不能娩出胎儿,母貂表现不安,来回走动,呼吸急促,不停地进出产箱,回视腹部,努责,排便,有时发出痛苦的呻吟,后躯活动不灵活,两后肢拖地前进,从阴部流出分泌物,不时地舔舐外阴部,有时钻进产箱内,蜷曲在垫草上不动,甚至昏迷,不见胎儿产出,视为难产。

【治　疗】　当母貂发生难产时,可先用药物催产,肌内注射垂体后叶素(催产素)0.5～1 毫升(5～15 微克),间隔 20～30 分钟再注射 1 次。在使用催产素 2 小时后,若胎儿仍不能娩出,则应人工助产或行剖宫产。

对于因子宫颈口闭锁子宫扭转,骨盆腔狭窄、畸形等原因引起的难产,均应尽早施行剖宫产手术。对于胎位异常引起的难产,用手矫正胎位后,再将胎儿拉出。

二十六、乳房炎

乳房炎(乳腺炎)指母貂乳房发生的急性、慢性炎症,是母貂的一种常见病,多发生在产后,在泌乳期发生的多呈急性经过。

【病　因】　乳房炎多由链球菌、葡萄球菌、大肠杆菌等微生物侵入乳腺所引起。其感染途径主要是因仔貂较多,乳汁不足,仔貂咬伤乳头经伤口侵入。此外,亦可由摩擦、挤压、碰撞、划破等机械因素使乳腺损伤而感染。某些疾病(结核病、布鲁氏菌病、子宫炎等)也可并发乳房炎。

【临床症状】　患病母貂徘徊不安,拒绝给仔貂哺乳,常在产箱外跑来跑去,有时把仔貂叼出产箱。仔貂生长缓慢,腹部不饱满,叫声无力。

【诊　断】　发现初产母貂徘徊,仔貂不安、叫声异常者,应及时检查其泌乳情况和乳房状态,触诊乳房热而硬,如有痛感,说明母貂患有乳房炎。

【治　疗】　初期冷敷,每个乳头结合按摩排乳,在乳腺两侧分别用3~5毫升0.25%普鲁卡因注射液溶解青霉素进行封闭。全身注射青霉素30万~40万单位,并注射复合维生素B和维生素C各1~2毫升。

二十七、中　暑

中暑是日射病和热射病的统称,是由于太阳辐射和闷热环境下水貂机体过热而引起中枢神经系统、血液循环系统和呼吸系统功能严重失调的综合征。水貂在每年7月下旬至8月上旬常常发生中暑并引起大批死亡。

【病　因】

1.日射病　水貂头部,特别是延髓或头盖部受烈日照射过久,脑及脑膜充血而引起。多发于夏日中午12时至下午2~3时,貂棚遮光不完善或没有避光设备的貂群中。

2.热射病　因水貂在室外温度比较高、湿热,空气不流通的环境下,体温散发不出去蓄积体内缺氧而引起。临床上以体温升高,循环衰竭,呼吸困难,中枢神经功能紊乱为特征。

【临床症状】

1.日射病　水貂突然发病,有的早晨喂料时还很正常,到中午时已死亡。精神高度沉郁,步态不稳及晕厥,少数有呕吐,头部震颤,呼吸困难,全身痉挛尖叫,最后在昏迷状态下死亡。

2.热射病　水貂体温升高,呼吸困难,大汗淋漓,可视黏膜发绀,流涎,口咬笼网张嘴而死。接近分窝断奶时由于产箱(或小室)内湿热,母仔同时死在窝内。

【诊　断】　根据发病季节和时间、所处的环境、死亡的状态,即可确诊。

【防　治】　及早抢救和采取措施可减少死亡。对已中暑的病貂可放在阴凉、通风的地方,头部可用井水清洗或用冰块冷敷降温。处于休克状态的病貂静脉注射5%葡萄糖氯化钠和安钠咖,有利于恢复。

为预防中暑,进入盛夏,养貂场内中午要有专人值班,喷水降温防暑,阳光直射的区域要多给水貂饮水。在高温季节,棚舍应做好遮光工作,避免阳光的直射。水盆内长期供应清洁饮水,夏季不能断水。在每100千克饲料中加入小苏打200克,维生素C 20克,可提高水貂抗热应激的能力。

为预防中暑,长途运输种貂要有专人押运,并应在夜间凉爽时候起运,途中及时通风换气。天热时饲养员要经常检查产仔多的笼舍和产箱,必要时把小室盖打开。炎热的晚上应适当驱赶水貂起来运动,达到通风、换气的效果。

二十八、仔貂脓疱病

脓疱病是新生仔貂的一种以脓疱为特征的急性皮肤传染病。常在枕部及会阴部的皮肤上伴发有脓疱的形成。此病又称"游移性脓毒症"或"鼠疮"。

【病　　原】　常见的有黏膜双球菌、化脓性链球菌、金黄色葡萄球菌等。

【流行病学】　本病主要见于2～5日龄的哺乳仔貂,10～12日龄以上的仔貂不患此病。彩色水貂仔貂更易感,特别是蓝宝石水貂多发。带菌母貂是本病的主要传染源。主要是经损伤的皮肤感染,因此期母貂具有拖曳(用牙齿咬住仔貂的皮肤)和梳饰(用舌根按摩仔貂的会阴部、股部及尾侧部)的习性,因此,仔貂常在身体上述部位发生脓肿,而身体其他部位未见。

【临床症状】　潜伏期1～2天。病仔貂变弱,发育落后,常在颈部、会阴部或肛门附近皮肤较厚的地方发生白色小脓疱,初如粟粒大小,融合后变成高粱粒乃至豌豆粒大;破溃后流出黄绿色浓稠的脓汁。有的病例在上述部位皮肤上呈现暗红色或带有紫色闪光的病变区而不发生脓肿,此为本病严重经过的症状。4日龄以上的仔貂一般能痊愈;1～2日龄仔貂死亡率高,如不加治疗,死亡率达100%。

【诊　　断】　根据发病日龄和临床变化可作出初步诊断,为准确起见可以进行细菌学检查,发现有双球菌、链球菌和葡萄球菌即可确诊。

【防　　治】　对病貂先用消毒针头将脓疱刺破,排出脓汁,然后用3%过氧化氢或0.1%高锰酸钾水清洗创腔,再用5%水杨酸酒精溶液(70%酒精)拭净,最后涂布少许磺胺结晶粉,即可送回原窝或代养。除局部治疗外,严重者可全身治疗,一般肌内注射青霉素5万单位,复合维生素B注射液0.5毫升。在治疗仔貂的同时,必须对母貂使用同样的抗菌药物进行治疗,方能获得满意的效果。

平时应加强对产箱卫生的管理,产前对产箱要消毒处理,垫草不要太硬和混有带芒、带刺的物体。患过脓疱病和同窝仔貂不留作种用。有化脓创、脓肿病的母貂也应淘汰。

二十九、白鼻子症

水貂的鼻镜(鼻端无毛处)由黑色渐渐出现红点,然后面积逐渐增大,随后出现白点,最后鼻端全部变白,即俗称的白鼻子症,病情发展最后爪子逐渐变长、变白,脚垫(指枕)也变白增厚,即白鼻长爪病。

【病　因】　至今仍不十分明确。

【临床症状】　①鼻镜由原来的黑色或褐色逐渐出现红点,红点增多变成红斑,再变成白点,最后整个鼻端全白。②脚垫变白、增厚、溃裂、疼痛,站立困难,个别发生溃疡。③爪子变长、干瘪(俗称"干爪病"),发白,有的是一个爪发白,有的是五个爪都白。病变部皮肤产生大量的皮屑并不断脱落,跛行。④四肢肌肉干瘪、萎缩,紧贴骨骼,发育不良,直立困难。肢部被毛短而稀少,皮肤出现大量皮屑,不断脱落,被毛干燥易断,粗糙没有光泽。⑤母貂发情晚或不发情,常因发情表现不明显而漏配,配后腹围增大,到妊娠中后期又缩回,出现胚胎被吸收、流产、死胎、烂胎等妊娠中断现象。

【防　治】　由于本病病因及发病机制仍不十分明确,所以防治方法也在不断地探索之中。目前采取的方法主要是科学配制饲料,满足水貂生长发育的需要。注意补充水貂所需要的氨基酸和多种维生素,特别是补充 B 族维生素,注意饲料中钙、磷比例。如果是因缺铜引起,可把铜掺入其他矿物质添加剂中,制成舔砖,放在笼中让水貂自由舔食,一般用 $0.5\% \sim 1.9\%$ 硫酸铜是安全的。如果是因感染皮霉菌引起,可于患部涂搽 2%碘酊或碘甘油,1 天

1次,连涂3天;也可口服灰黄霉素或外用制霉菌素治疗。

三十、食毛症

水貂的食毛症(吃毛、咬毛)是营养素缺乏而导致的一种营养代谢性疾病,是养貂场中常见的疾病,多发生于秋、冬季节。

【病　因】　尚不清楚,但多数人认为该病是微量元素(硒、铜、钴、锰、钙、磷等)缺乏或含硫氨基酸和某些B族维生素缺乏引起的一种营养代谢异常的综合征。也有人认为是脂肪酸败、酸中毒或肛门腺阻塞等引起。

【临床症状】　患病水貂不定时地啃咬身体某一部位的被毛,主要啃咬尾部、背部、颈部乃至下腹部和四肢;有的病貂突然一夜之间将后躯被毛全部咬断,或者间断性地啃咬。被毛残缺不全,尾巴呈毛刷状或棒状,全身裸露。如果不继发其他病,精神状态没有明显的异常,食欲正常;当继发感冒、外伤感染时将出现全身症状,或由于食毛引起胃肠毛团阻塞等症状。

【诊　断】　根据临床症状即可作出诊断,即身体的任何部位毛被咬断都可视为食毛症。但要注意与自咬症及脱毛症相区分。自咬症是发作后疯狂地咬自己身体的某一部位并撕破皮肤,甚至将下腹部咬破,造成肠管流出;脱毛症是皮肤没有任何病变而发生的类似自然脱毛状态的疾病。

【防　治】　对病貂可在饲料中补充蛋氨酸(羽毛粉、毛蛋等)、复合维生素B、硫酸钙,1天2次,连用10～15天即可治愈。还可用硫酸亚铁和维生素B_{12}治疗,硫酸亚铁0.05～0.1克,维生素B_{12} 0.1毫克,内服,1天2次,连用3～4天。

为预防本病,饲料要多样化、全价新鲜,保证营养素的供给。尤其在水貂的生长期和冬毛期,要注意蛋氨酸、微量元素和维生素的补给。

三十一、白 肌 病

白肌病主要是缺硒引起的一种幼貂多发的地方性、营养性、代谢性疾病。病貂伴有骨骼肌与心肌变性,营养不良,运动障碍和急性心力衰竭。常呈地方性流行。

【病 因】 主要原因是缺硒。饲料含硒量长期处于 0.03~0.04 毫克/千克以下的低水平,配种前后、产仔、育成期日粮中硒补给量低于 0.2~0.25 毫克/千克,是导致本病发生的根本原因。

【临床症状】

1. 急性型 成年貂常表现为发病急、病程短,突然死亡;有时在笼中奔跑、跳跃,或经驱赶、剧烈运动之后,突然倒地呈游泳状抽搐死亡。也有的前一天晚间饲喂时正常,第二天死在笼角。

2. 亚急性型 病初精神稍沉郁,食欲减退,不久出现跛行,前肢站立不稳,后肢肌肉发抖,左右叉开,表现渐进性运动障碍;此时心动加速,心律失常,出现杂音,呼吸加快,气喘,呈胸腹式呼吸,时有下痢。

3. 慢性型 病程 15~30 天或更长。表现食欲减退,不久鼻镜干燥,行走后肢跟跄,喜卧一处不动或匍匐前进。

【病理变化】 骨骼肌和心肌出现特征性变化,即肌肉呈淡灰白色,特别是腰肌和臀部肌群变化最明显;膈肌呈放射状条纹,切面粗糙不平,有坏死灶。心包积液,心肌色淡,心扩张,心肌弛缓。

【诊 断】 根据流行病学调查、临床表现和病理变化,可以作出诊断。

【防 治】 对病貂用 0.1%亚硒酸钠 2 毫升和维生素 E 2 毫升肌内注射,可收到良好效果。同时要结合全身疗法、强心、补液、加强护理。

在生产中定期(15~30 天)补硒和维生素 E,不但可以防止本病的发生,而且还可提高种貂的发情率、配种率、产仔率和仔貂成活率。

三十二、尿 湿 症

尿湿症是水貂等毛皮动物泌尿系统疾病的一个征候,而不是单一的疾病。许多疾病都可导致尿湿症的发生,如尿结石、尿路感染、膀胱和阴茎麻痹、后肢麻痹、黄脂肪病及某些传染病的后期。

【病　因】　多数学者认为尿湿症与饲养管理的关系密切,夏季饲料腐败变质以及维生素 B_1 不足都是诱发尿湿症的重要因素。也有人认为本病与遗传有关,有些品种有高度易感性。另外,尿结石的机械刺激及药物的化学刺激可引起尿道黏膜损伤,临近器官组织炎症的蔓延,如膀胱炎、包皮炎、阴道炎、子宫内膜炎蔓延至尿道,也可导致本病。

【临床症状】　本病多发生于 40～60 日龄幼貂。公貂比母貂发病多。病初表现不随意地频频排尿,会阴部及两后肢内侧被毛被尿浸湿,使被毛连成片。皮肤逐渐变红,明显肿胀,不久浸湿部位皮肤出现脓疱或溃疡,被毛脱落、皮肤变厚。以后在包皮口处出现坏死性变化,甚至膀胱继发感染,患病水貂常常表现疼痛性尿淋漓,排尿时尿液呈断续状排出,排尿不直射,严重时可见到黏液性或脓性分泌物不时自尿道口流出,走路蹒跚。如不及时治疗,将逐渐衰竭而死。

【诊　断】　依据会阴和下腹部毛被尿浸湿而持续不愈,即可做出诊断。

【防　治】　根据病因进行对症治疗。首先是改善饲养管理,从饲料中排除变质或劣质的动物性饲料,增加富含维生素的饲料,并给以充足饮水。为防止感染,可用抗菌消炎药,如青霉素、土霉素等抗生素。青霉素,5 万～10 万单位/千克体重,肌内注射,每 8 小时 1 次;硫酸链霉素,2 万单位/千克体重,1 天 2 次。为促进食欲,每天注射维生素 B_1 注射液 1～2 毫升。治疗可用 0.1％高锰酸钾水冲洗被毛尿渍,并将毛擦干,勤换垫草,保持窝内干燥。

三十三、黄脂肪病

黄脂肪病又称脂肪组织炎,肝、肾脂肪变性(脂肪营养不良)。本病伴发物质代谢重度障碍和各器官功能及形态学的严重病变,是以全身脂肪组织发炎、渗出、黄染,肝小叶出血性坏死,肾脂肪变性为特征的脂肪代谢障碍病。本病是养貂业中危害较大的常发病,不仅直接引起水貂大批死亡,而且在繁殖季节,导致母貂发情不正常、不孕、胎儿吸收、死胎、流产、产后无奶,公貂利用率低、配种能力差等。

【流行特点】　仔貂断奶分窝后8~10月份多发,急性经过,发现不及时,可造成大批死亡。老貂常年发生,慢性经过,多以散发,治疗不及时常常死亡。死亡率为10%~70%。

本病一年四季均可发生,但以炎热季节多见,一般多以食欲旺盛、发育良好的幼貂先受害致死。

【病　因】　主要原因是动物性饲料(肉、鱼、屠宰场下脚料)中的脂肪氧化、酸败。所以冻贮时间比较长的带鱼、油扣子等含脂肪比较高的鱼类饲料更易引起水貂的急、慢性黄脂肪病。此外,饲料不新鲜、抗氧化剂、维生素添加量不足,也是导致本病的原因之一。

【临床症状】　有急性和慢性之分。

1.急性型　于7~8月份大群水貂出现食欲下降,精神沉郁,不愿活动,腹泻,粪便呈绿色或灰褐色,内混有气泡和血液;重者后期排煤焦油样黑色稀便,进而后躯麻痹,腹部或会阴尿湿,常在昏迷中死亡。触诊病貂腹股沟部两侧脂肪,手感呈硬猪板油状或绳索状。

2.慢性型　病貂精神显著沉郁,很少活动,经常出现剩食、被毛蓬乱无光、消瘦、尿湿等,后期出现腹泻,粪便呈黑褐色并混有血液。步态不稳,个别病例后肢麻痹或痉挛,出现不自然的尖叫。一般成年貂易出现这种情况，且易与阿留申病混淆。妊娠母貂发生性器官出血、流产。

【病理变化】

1. 急性型　尸体营养良好，尸僵不明显。被毛蓬松，肛门部常被煤焦油样粪便污染。有的可视黏膜黄染。肝肿大，质地脆弱，呈土黄色或红黄色，切面混浊，呈典型脂肪肝。肾脏肿大、黄染，切面混浊。

2. 慢性型　尸体消瘦，皮下组织干燥，黄染不明显。肝浊肿，呈黄红色或淡黄色，质硬脆，切面混浊。肾被膜紧张，光滑易剥离，肾实质呈灰黄色或污黄色。

【诊　断】　根据临床症状、病理变化及组织学变化以及饲养状况，可以确诊黄脂肪病。但在诊断中应注意与水貂阿留申病、维生素 B_1 缺乏病及饲料中毒的鉴别诊断。

【防　治】　发生本病首先应改善日粮质量，增加新鲜肉、鱼和副产品乳、凝乳块、牛肝、新鲜血等富含全价蛋白的饲料，及酵母、维生素 A、维生素 B_1、维生素 B_{12}、维生素 E、叶酸、胆碱等维生素的供给量。病貂每日每只分别肌内注射维生素 E 或亚硒酸钠维生素 E 注射液 0.5～1 毫升，复合维生素 B 注射液 0.5～1 毫升。为预防继发性细菌感染，可肌内注射青霉素 10 万单位，持续给药 7～10 天。氯化胆碱和维生素 E 对黄脂肪病有很好的防治效果，病貂和健貂都可随饲料投给，每只每次 30～40 毫克。

平时应注意饲料质量，加强冷库的管理。发现脂肪氧化变黄或变酸的鱼、肉饲料要及时处理，改作他用。用高锰酸钾洗过的饲料禁止喂给妊娠、泌乳期的母貂。硒制剂和维生素 E 抗氧化作用强，同时使用效果更好，日粮中应保证供给足量。此外，以鱼类饲料为主的养貂场一定要重视海鱼的质量，冷贮时间过长的不宜采购。

第八章　水貂养殖场的经营管理

第一节　经营管理的理念

养貂场经营管理应追求的目标是优质、低耗、高效。达到高效养殖的经营理念应该是以种貂为根本，以市场信息为导向，以饲料为基础，以技术管理为保证，以资金作后盾，以效益为中心。

一、种貂是根本

种貂的品质不仅体现自身价值，而且决定了毛皮的质量和经济效益。不论新老养殖场，都应把种貂放在经营管理的首要地位。确立良种观念，力争人无我有、人有我多、人多我精、人精我特。

二、市场信息是导向

一个养貂场必须有一个较长时期的奋斗目标和符合市场需求的近期发展方向。以市场信息为导向，才能生产市场适销对路的毛皮产品，增强竞争能力。

三、饲料是基础

饲料是养貂的最重要的基础条件，又是饲养成本的决定因素。抓好这一基础保证，不仅能获得理想的繁殖效果和毛皮产品，而且还将科学地降低饲养成本。

四、技术管理是保证

水貂养殖的技术性、季节性很强,一年只有一个繁殖周期,容不得任何季节和环节的失误。水貂养殖的疾病风险性较大,需要用科学的管理去严加防范。因此,要加强技术管理,向科技要效益。大、中型养貂场要配备得力的技术管理人员,加强对职工技术培训,不断提高总体技术水平。

五、资金是后盾

水貂养殖投资较大,特别是流动资金投入较多,养殖水貂一定要量体裁衣,适度发展,确保流动资金的来源和周转。

六、效益是中心

养貂的最终目的就是为获得应有的经济效益,只要坚持上述的经营理念,就能达到优质、低耗、高效的目的。

第二节 计划管理

水貂养殖是一项计划性很强的管理工作。计划功能在于经济地使用养貂场的全部资源,有效地预见未来的趋势,从而获取最大的经济效益。良好的计划可使养貂场的管理决策具体化,也使战略目标具体化,是科学管理的第一功能。

养貂场计划管理主要内容有经济计划管理、饲料计划管理、生产计划管理、人员计划管理等方面。

一、经济计划管理

(一)生产成本分析 成本是单位产品的物力与人力消费,可分为直接成本和间接成本。

1.直接成本　是指直接投入产品生产过程的成本,包括饲料费、饲养及技术人员工资、饲养场直接使用的工具、场地、当年维修费等。这部分成本占总成本的绝大部分,并且是必需的。

2.间接成本　是指用于服务生产的成本,主要包括后勤、行政人员工资,非生产性建设投资,行政管理费用等。这部分成本应占总成本的较少部分。经营管理水平和貂群的规模直接影响着间接成本。配套条件合理完善的大、中型养貂场,间接成本较低。

(二)收入分析　养貂场经济收入主要包括出售皮张、种貂收入,其次为副产品收入。在条件允许情况下,饲养的总只数及平均产量越多,则总收入越高。

产品的质量对售价影响很大,故优良种貂及其产品在成本不变的情况下,收入却能明显提高。

1.经济效益分析　养貂场的总收入减去总支出,即为经济效益,正数为盈利,负数为亏损。以水貂按群平均育成幼貂4只为例,产品按皮张计算,其成本利润率为40%～60%。

2.效益风险点　养貂场的效益在成本和产品售价不变情况下,其盈利直接取决于群平均生产幼貂的多少。当育成幼貂数低于某一数值时,效益上将出现亏损,这一决定盈亏的临界数被称为风险点。种貂年终群平均育成幼貂的风险数为2.5只。

二、饲料的计划管理

水貂饲料以动物性饲料为主,采购、贮存均有一定困难,但其又是水貂养殖必不可少的物质基础,所以一定要加强计划管理,保质、保量、保应时。

(一)饲料消耗计划　水貂年、季度各种饲料消耗计划见表8-1。

表 8-1 水貂饲料消耗计划 （单位：千克）

季 度	鱼肉类	奶类	谷物类	蔬菜类	鱼肝油	酵 母
成年水貂						
1	13.2	0.7	1.7	1.8	0.08	0.24
2	21.8	3.9	1.9	2.5	0.16	0.50
3	13.9	—	1.7	1.2	0.09	0.25
4	14.5		3.1	1.4	0.09	0.26
总 计	63.4	4.6	7.4	6.9	0.42	1.25
幼龄水貂						
2	2.1	0.3	0.2	0.2	0.01	0.04
3	16.0	0.5	1.8	1.6	0.06	0.29
4	11.6	—	1.6	1.5	0.05	0.21
总 计	29.7	0.8	3.6	3.3	0.12	0.54

（二）饲料管理要点

1.确保饲料质量 采购中要保证饲料新鲜、无污染、无毒害。贮存中确保贮藏条件，尤其是动物性饲料，运回冷库后要先速冻，后冷藏，贮藏温度为−15℃以下。

2.确保饲料数量 采购、供应要按时确保水貂对饲料需求的数量，尤其是妊娠母貂的饲料要贮备充足，确保动物性饲料种类的稳定。

3.确保应时供应 水貂不同生产时期对饲料种类、品质有不同要求，要应时保证供应。

4.及时清理库存 要及时清理库存，对报废饲料进行损耗处理。

三、养貂场生产技术管理

（一）生产任务 主要是计划每只母貂断奶分窝和年终平均育

成幼貂数,年终增加或缩减种群数以及生产的产品数及其等级、质量等。

（二）生产定额　饲养人员应实行生产定额管理,并与全场生产计划相适应。应明确下列几项计划指标:固定给每个饲养员、饲料加工员的水貂头数,种貂繁殖指标等。

（三）生产定额计划原则　生产定额计划应根据本场历年生产水平和员工技术素质确定。既要逐年有所提高,又要切实可行,并与多劳多得的分配原则结合起来。

四、建立健全岗位职责

建立健全各岗位生产人员职责,最好实行全员岗位承包责任制。

（一）场长职责　组织全场生产,保证饲料供应,制订劳动定额并签订劳动合同;在技术员的协助下,完成生产计划、经济计划、产品质量计划。

（二）技术员职责　制订饲料单,提高技术措施,落实、解决生产中涉及的具体技术问题,配合场长监督计划执行,管理好技术资料和技术档案。

（三）饲养员、饲料加工员职责　饲养员和饲料加工员是第一线工作人员,具体负责貂群饲养和饲料加工。要服从场长、技术人员的领导和指导,做好本职工作。工作中遇有技术问题及时向技术员汇报,向场领导、技术员提供合理化建议。

五、人员管理

养殖场人员管理实行场长领导下的岗位负责制,实行逐级聘用。要注重职工的素质提高,加强理论业务的培训、学习,建立考绩制度和档案。

161

附　录

附表1　水貂常用饲料营养成分

饲料种类	干物质 (%)	粗蛋白质 (%)	粗脂肪 (%)	粗纤维 (%)	无氮浸出物 (%)	灰分 (%)	钙 (%)	磷 (%)	铁 (毫克/100克)	代谢能 (兆焦/千克)
一、鱼　类										
海杂鱼	19.3	13.8	2.3	—	—	0.9	—	—	—	3.51
黄花鱼	19.0	17.2	0.7	—	—	0.9	0.019	0.075		3.18
小黄花鱼	—	10.0	0.46	—	44.0	0.52	0.019	0.075	—	1.84
带鱼	22.0	15.9	3.4	—	0.3	1.1	0.017	0.12	0.006	4.18
比目鱼	19.2	19.7	1.5	—	2.0	1.0	—	—		3.97
鳎目鱼	16.5	13.7	1.2	—	—	0.9	0.027	0.135		2.84
红娘鱼	20.0	9.1	0.9	—	0.7	0.6	0.067	0.167	—	2.72
黄姑鱼	20.0	13.6	—	—	—	0.9	0.025	—	微	2.68
青鱼	18.7	16.4	1.1	—	0.3	1.2	—	0.171	0.8	3.22
鳕鱼	11.0	16.5	1.0	—	3.1	2.8	0.028	—		3.55
梭鱼	10.8	18.8	1.0	—	—	1.0	0.155	0.09		3.59
小摊鱼	23.7	12.2	6.5	—	—	2.9	0.021	0.108		4.81
海鲶鱼	23.1	13.9	4.7	—	0.2	1.4	—	0.108		4.60
鲻鱼	21.0	10.2	1.4	—	—	0.6	—	—		3.14
剥皮鱼	21.0	19.2	0.5	—	—	1.7	0.06	0.093		3.30
马口鱼	26.0	15.0	3.2	—	—	1.0	—	—		4.39

续附表1

饲料种类	干物质 （%）	粗蛋 白质 （%）	粗脂肪 （%）	粗纤维 （%）	无氮浸 出物 （%）	灰分 （%）	钙 （%）	磷 （%）	铁 （毫克/ 100克）	代谢能 （兆焦/ 千克）
虾虎鱼	21.0	18.0	1.2	—	0.1	1.3	0.151	0.167	—	3.55
淡水杂鱼	18.0	13.8	1.5	—	0.6	1.4	—	—	—	3.14
鲤鱼	21.0	16.7	1.5	—	0.7	1.1	0.018	0.103	1.0	3.34
鲫鱼	15.0	13.1	1.1	—	—	0.8	0.04	0.10	1.0	2.59
草鱼	23.0	11.3	2.7	—	0.2	—	0.03	0.10	—	3.76
白鲢	24.0	11.2	3.0	—	—	—	—	0.174	0.7	3.39
狗鱼	22.0	16.9	0.7	—	—	2.5	0.02	0.226	—	3.43
明太鱼	21.0	18.0	1.6	—	1.4	1.2	—	—	—	3.64
鲇鱼	35.9	14.4	20.6	—	0.7	0.9	0.051	0.154	—	5.98
花鲈鱼	—	9.2	1.88	—	—	0.64	—	—	0.006	2.26
面条鱼	—	8.2	0.3	—	—	1.0	0.011	0.177	0.01	1.71
加吉鱼	—	10.8	2.3	—	0.6	0.68	—	—	0.012	2.68
橡皮鱼	21.0	19.2	0.5	—	—	—	—	—	3.6	3.39
鲅巴鱼	29.6	21.4	7.4	—	—	1.1	—	—	2.0	6.35
黄鳝	20.0	10.3	0.5	—	—	1.7	—	—	—	2.76
泥鳅	16.5	22.6	2.9	—	—	2.2	—	—	3.0	4.89
偏口鱼	—	10.9	0.96	—	0.68	0.56	0.013	0.095	微	2.301
鲅鱼	23	19.1	2.5	—	0.2	1.2	0.022	0.209	1.0	4.184
鲈鱼	—	10.2	1.8	—	0.24	0.58	0.032	0.076	0.7	2.427
白漂子	24.2	19.3	2.2	—	0.1	2.6	0.060	0.093	1.1	4.058
二、肉类饲料										
瘦猪肉	27.8	20.1	6.6	—	—	1.1	0.011	0.177	2.4	6.02

续附表 1

饲料种类	干物质 (%)	粗蛋白质 (%)	粗脂肪 (%)	粗纤维 (%)	无氮浸出物 (%)	灰分 (%)	钙 (%)	磷 (%)	铁 (毫克/100克)	代谢能 (兆焦/千克)
瘦牛肉	23.8	20.6	2.0	—	—	1.2	0.005	0.179	—	4.51
瘦犊牛肉	21.8	19.9	0.8	—	—	0.5	—	—	—	3.72
中等牛肉	27.9	20.6	5.5	—	0.7	1.1	—	—	2.1	5.77
瘦马肉	25.8	21.7	2.6	—	0.5	1.0	—	—	18.6	4.81
中等马肉	29.4	21.5	6.0	—	0.8	1.1	—	—	7.6	6.14
瘦羊肉	27.9	19.9	5.4	—	0.4	1.2	0.015	0.168	3.0	5.98
羊肉(肥瘦)	49.0	13.3	34.6	—	0.7	0.7	0.011	0.129	2.0	15.355
瘦驴肉	22.6	18.6	0.7	—	2.2	1.1	0.01	0.144	—	3.39
4 月龄家兔	27.5	21.7	3.3	—	—	1.2	0.015	0.175	2.0	5.35
野兔肉	25.3	23.3	1.1	—	—	1.1	—	—	—	4.39
瘦鸡肉	26.0	23.3	1.2	—	—	0.9	0.011	0.190	1.5	4.35
鸭 肉	25.4	16.5	7.5	—	0.5	0.9	—	—	—	6.68
鹅 肉	22.9	10.8	11.2	—	—	5.0	—	—	—	6.02
带骨水貂肉	38.4	18.0	12.0	—	0.5	0.9	—	—	—	7.94
骆驼肉	23.86	20.75	2.21	—	—	1.08	0.22	0.77	—	3.09
蚯蚓(鲜)	16.64	9.74	2.11	—	3.71	—	—	—	—	—
毛蚶肉	28.67	19.74	1.25	—	—	1.5	—	—	—	—
贻贝肉	19.0	9.0	1.4	—	—	3.0	—	—	—	2.93
牡蛎肉	16.5	7.2	1.4	—	5.0	3.0	—	—	—	2.51
蛤蜊肉	20.0	10.8	1.6	—	1.7	1.1	0.37	0.82	—	3.22
河蚌肉	8.7	5.3	0.6	—	0.3	1.1	—	—	—	—

续附表 1

饲料种类	干物质 (%)	粗蛋白质 (%)	粗脂肪 (%)	粗纤维 (%)	无氮浸出物 (%)	灰分 (%)	钙 (%)	磷 (%)	铁 (毫克/100克)	代谢能 (兆焦/千克)
乌　贼	20.0	17.0	1.7	—	0.6	1.1	0.018	0.158	—	3.55
河螃蟹	20.0	7.0	1.3	—	0.6	—	—	—	—	2.55
海螃蟹	29.0	4.2	1.8	—	—	4.0	—	—	—	2.13
圆田螺肉	21.3	11.9	0.6	—	—	33.2	1.02	0.12	14.5	3.93
圆田螺	46.7	9.4	0.4	—	—	8.06	0.06	—	—	3.05

三、畜禽副产品

饲料种类	干物质 (%)	粗蛋白质 (%)	粗脂肪 (%)	粗纤维 (%)	无氮浸出物 (%)	灰分 (%)	钙 (%)	磷 (%)	铁 (毫克/100克)	代谢能 (兆焦/千克)
猪　肝	29.0	20.1	4.0	—	3.0	1.8	0.011	0.27	25.0	5.35
猪　心	21.4	13.1	6.6	—	1.2	0	0.0005	0.045	102.0	4.895
猪　肺	16.97	11.9	4.0	—	0	0.9	0.012	0.230	3.4	3.515
猪　血	5.0	4.3	0.2	—	0.1	0.5	0.069	0.002	15.0	0.795
牛　肝	31.0	18.9	2.6	—	9.0	0.9	0.013	0.40	9.0	5.64
牛　心	20.0	8.6	10.9	—	—	0.5	0.008	0.185	5.4	5.565
牛　肺	9.0	7.3	1.4	—	—	0.4	0.007	0.081	6.7	1.757
牛　血	19.1	17.3	0.5	—	0.5	0.8	—	—	—	3.180
羊　肝	32.0	18.5	7.2	—	4.0	1.4	0.009	0.414	6.6	6.48
羊　心	20.0	11.5	8.3	—	—	0.6	0.011	0.102	4.5	4.979
羊　肺	24.0	20.2	2.8	—	—	1.2	0.017	0.066	9.3	4.439
鸡　肝	24.9	18.2	3.4	—	1.9	0.0014	0.021	0.260	8.2	4.644
家畜心肝 （平均）	20.3	14.0	3.5	—	—	1.0	0.007	0.155	—	3.97

续附表1

饲料种类	干物质 (%)	粗蛋白质 (%)	粗脂肪 (%)	粗纤维 (%)	无氮浸出物 (%)	灰分 (%)	钙 (%)	磷 (%)	铁 (毫克/100克)	代谢能 (兆焦/千克)
家畜肾脏	20.0	12.0	3.0	—	—	1.0	0.003	0.238	—	3.55
家畜肺 (平均)	20.0	12.5	3.5	—	—	1.0	0.012	0.16	—	3.67
家畜脾脏 (平均)	21.4	15.0	3.5	—	—	1.0	—	—	—	4.18
家畜胃脏 (平均)	16.1	14.0	1.3	—	—	0.8	—	—	—	2.93
猪 胃	21.1	11.0	7.0	—	—	0.4	—	—	—	4.81
瘤胃 (平均)	19.2	12.5	3.0	—	—	0.5	0.02	0.16	—	3.55
重瓣胃 皱胃	18	10.5	9.1	—	—	0.4	—	—	—	3.55
气 管	24.7	8.6	4.5	—	—	4.0	—	—	—	3.34
猪 脑	21.0	10.2	8.0	—	—	1.4	—	—	—	5.06
牛 脑	23.0	10.4	11.0	—	—	1.3	0.013	0.351	0.9	5.98
羊 脑	24.0	11.0	11.4	—	—	1.6	0.021	0.358	6.7	6.14
鲜血 (平均)	20.0	16.2	0.2	—	—	1.0	—	—	—	3.14
猪头 (去舌脑)	42.0	10.5	19.8	—	—	15.0	—	—	—	9.74
牛头 (去舌脑)	47.7	13.0	8.8	—	—	22.0	—	—	—	5.89
羊头 (去舌脑)	42.8	11.0	8.3	—	—	20.6	2.95	1.12	—	5.43
兔头兔 骨架	27.8	10.6	3.4	—	—	10.4	—	—	—	3.34

续附表 1

饲料种类	干物质 (%)	粗蛋 白质 (%)	粗脂肪 (%)	粗纤维 (%)	无氮浸 出物 (%)	灰分 (%)	钙 (%)	磷 (%)	铁 (毫克/ 100 克)	代谢能 (兆焦/ 千克)
鸡　头	43.5	12.1	7.1	—	—	17.2	—	—	—	5.02
家禽内脏 （平均）	25.5	8.5	3.6	—	—	0.6	0.01	0.10	—	9.26
牛十二 指肠	18.8	11.8	6.4	—	—	0.6	—	—	—	5.31
鱼肝油	99.5	—	97.0	—	—	3.5	—	—	—	37.65
四、干动物性饲料										
鱼粉 （进口）	91.7	58.5	9.7	—	—	15.1	3.91	2.90	—	18.73
鱼粉 （国产）	—	46.9	7.3	2.9	—	23.1	5.53	1.45	—	—
鱼　粉	92.0	65.8	—	0.8	1.6	—	3.7	2.6	—	—
熟鱼干	20.0	59.1	2.6	—	6.9	11.4	0.26	0.26	—	12.08
血　粉	90.0	80.0	1.5	—	—	0.4	0.04	0.1	—	14.55
血粉（猪）	90.4	85.8	0.2	—	—	4.4	0.39	0.20	—	20.52
血粉（牛）	85.3	80.8	0.3	—	—	3.2	—	0.09	—	19.56
血粉（羊）	92.4	88.4	0.2	—	—	3.8	0.04	0.10	—	21.15
肉粉（猪）	90.0	55.4	30.4	—	—	3.2	0.19	0.54	—	25.33
肉骨粉	90.0	51.6	8.1	—	8.8	21.0	5.54	3.01	—	17.60
肝渣粉	92.7	66.1	14.7	—	7.0	3.1	—	—	—	24.85
蚕蛹粉	91.0	60.0	20.0	—	—	1.5	—	—	—	18.73

续附表1

饲料种类	干物质(%)	粗蛋白质(%)	粗脂肪(%)	粗纤维(%)	无氮浸出物(%)	灰分(%)	钙(%)	磷(%)	铁(毫克/100克)	代谢能(兆焦/千克)
蚕蛹粉	95.9	45.3	3.2	—	5.8	—	0.29	0.58	—	25.08
羽毛粉	89.84	81.42	1.03	—	4.0	7.93	—	—	—	—
蚕蛹粉	90.0	43.1	19.4	—	—	4.1	—	—	—	16.72
猪肠衣粉	94.0	80.6	6.3	—	3.0	3.2	—	—	—	—
干 肠	95.7	51.2	33	—	3.0	—	—	—	—	—
干牛羊肺	90.3	67.3	14.3	—	—	5.7	—	—	—	27.45
干牛羊脾	91.6	1.1	4.6	—	—	2.9	—	—	—	—
干牛羊胃	91.3	76.6	11.2	—	—	3.5	—	—	—	—
干青皮鱼	—	59.05	4.72	—	—	—	—	—	—	—
干马口鱼	—	65.3	4.62	—	—	—	—	—	—	—
干小块鱼	—	7.64	5.18	—	—	—	—	—	—	—
干油光鱼	—	63.12	1.83	—	—	—	—	—	—	—
干狼条鱼	—	57.85	3.01	—	—	—	—	—	—	—
干鳎目鱼	—	65.69	3.13	—	—	—	—	—	—	—
干鲫头鱼	—	62.30	3.18	—	—	—	—	—	—	—
脱脂鱼饼	—	71.54	7.26	—	—	—	—	—	—	—
蚝肉粉	—	70.3	8.3	—	—	6.4	—	0.98	—	20.86
猪胎衣粉	83.0	61.7	5.3	—	17.98	10.0	0.61	—	—	17.85
蚯蝴(风干)	92.63	56.44	7.81	—	—	8.29	—	0.60	—	12.21
蚯蚓(风干)	88.6	52.2	10.2	—	—	7.5	0.41	0.11	—	19.73
虾 粉	85.3	48.9	2.9	—	—	32.8	3.06	—	—	12.92
蟹 粉	91.4	33.6	5.1	—	—	43.7	—	—	—	11.58

168

续附表 1

饲料种类	干物质 (%)	粗蛋白质 (%)	粗脂肪 (%)	粗纤维 (%)	无氮浸出物 (%)	灰分 (%)	钙 (%)	磷 (%)	铁 (毫克/100克)	代谢能 (兆焦/千克)
五、乳蛋类饲料										
牛　乳	13.0	3.1	3.5	—	6.0	0.7	0.61	0.98	—	2.80
羊　乳	13.0	3.8	4.1	—	5.0	0.9	—	—	—	2.97
马　乳	9.7	1.8	1.0	—	6.5		—	—	—	—
猪　乳		5.9	10.7	—	4.8	0.8	—	—	—	6.44
骆驼乳	13.5	4.0	4.5		5.6		—	—	—	—
牛乳粉	95	25.6	26.7	—	37.0	6.0	0.90	0.60	—	20.52
脱脂乳粉	92.4	29.0	1.6	—	37.4	6.5	—	—	—	12.54
干脱脂粉	94.8	33.8	0.8	—	—	—	—	—	—	—
全脂奶粉	90.0	21.4	—	—			1.62	0.66	—	24.04
凝酸乳	26.5	13.5	8.6	—	1.8	0.7	0.37	0.82	—	6.27
鸡　蛋	28.0	14.8	11.6	—	0.5	1.1	—	—	2.7	6.94
鸭　蛋	30.0	13.0	14.7	—	1.0	1.8	—	—	—	7.77
鹅　蛋	29.6	12.9	13.3	—	1.1	1.1	—	—	—	—
去壳熟毛蛋	32.2	19.0	10.7	—		2.1	—	—	—	7.40
六、谷物类饲料										
玉米（白）	88.2	7.8	3.4	2.1	73.3	1.4	0.02	0.36	—	16.39
玉米（黄）	88.0	8.5	4.3	1.3	72.2	1.7	0.08	0.21	—	16.64
玉米（平均）	88.4	8.66	3.5	2.1	72.9	1.4	0.02	0.21	3.4	16.55
大麦（平均）	88.0	10.8	2.0	4.7	68.1	3.2	0.12	0.29	—	16.13
高粱（平均）	89.3	8.7	3.3	2.2	72.9	2.2	0.03	0.28	—	16.09
小麦（平均）	91.8	12.1	11.8	2.4	73.2	2.3	0.07	0.36	4.2	16.39

续附表 1

饲料种类	干物质 (%)	粗蛋白质 (%)	粗脂肪 (%)	粗纤维 (%)	无氮浸出物 (%)	灰分 (%)	钙 (%)	磷 (%)	铁 (毫克/100克)	代谢能 (兆焦/千克)
燕麦 (平均)	90.3	11.6	5.2	8.9	60.7	3.9	0.15	0.33	—	17.01
荞麦	87.1	9.9	2.8	11.5	60.7	2.7	0.09	0.30	1.2	15.79
小米	86.8	8.9	2.7	1.3	72.5	1.4	0.05	0.33	4.8	16.22
青稞	88	12	1.8	2.5	69.4	2.1	0.08	0.31	14.5	16.55
小麦粉	87.6	13.4	1.6	2.0	68.5	2.1	0.04	0.39		16.22
小麦麸	89.6	16.7	3.9	10.5	—	4.8	—	—	4.2	16.85
米糠 (平均)	88.3	11.5	16.1	8.1	43.5	9.1	0.07	1.52	—	18.14
统糠	90.9	6.9	3.8	29.3	39.1	11.8	0.14	0.57	—	15.13
大麦麸	91.2	14.5	1.9	8.2	63.6	3.0	0.04	0.40		16.80
小米粉	89.0	13.8	7.8		63.0	2.2		—	—	15.76
七、豆类饲料										
大豆 (平均)	88.0	37.0	16.2	5.1	25.1	4.6	0.27	0.48	—	21.07
豌豆 (平均)	88.0	22.0	15.0	5.9	55.1	2.9	0.13	0.39		16.47
花生	92.0	49.0	2.4	10.5						
玉米蛋白粉	90.0	39.7	—	3.4	27.6	2.4	0.23	0.39	—	21.57
饲料酵母	90.6	41.2	2.8	—	37.8	8.8				17.56
豆浆	8.0	4.4	1.8		2.0	0.5			0.8	1.76
八、青绿饲料										
白菜 (幼苗期)	4.0	1.1	0.1	0.6	1.1	1.1		—	0.4	0.59

续附表 1

饲料种类	干物质 (%)	粗蛋 白质 (%)	粗脂肪 (%)	粗纤维 (%)	无氮浸 出物 (%)	灰分 (%)	钙 (%)	磷 (%)	铁 (毫克/ 100克)	代谢能 (兆焦/ 千克)
白菜 (营养期)	5.1	1.1	0.3	0.5	2.3	0.9	—	—	1.0	0.88
菠　菜	8.2	2.4	0.5	0.7	3.1	1.5	0.05	0.03	2.5	1.42
油　菜	8.0	2.0	0.1	—	4.0	1.4	—	—	3.4	1.05
小油菜	5.0	1.2	0.2	—	2.0	1.3	—	—	—	0.59
甘　蓝	10.0	1.8	0.4	1.6	5.0	1.2	0.08	0.04	—	1.76
苜蓿 (北京)	29.2	5.3	0.4	10.7	10.2	2.6	0.49	0.09	—	5.10
苜蓿 (初花期)	28.8	5.1	0.9	7.6	13.4	1.8	0.35	0.09	—	5.27
千穗谷 (平均)	15.0	2.0	0.4	5.0	5.7	1.9	—	—	—	2.51
青割玉米 (未抽穗)	12.8	1.2	0.4	4.2	6.0	1.0	0.08	0.06	—	1.59
青割玉米 (抽穗期)	17.6	1.5	0.4	5.8	8.8	1.1	0.09	0.05	—	4.10
大　葱	14.0	1.7	0.1	—	10.8	0.7	—	—	—	0.22
九、粗饲料										
青草粉	88.5	7.5	—	29.4	—	—	—	—	—	15.22
麦芽根 (草粉)	84.8	17.0	1.9	13.6	—	—	0.28	0.34	—	14.59
青贮白菜	10.9	2.0	0.2	2.3	3.5	2.9	0.29	0.07	—	1.59
青贮 胡萝卜	23.6	2.1	0.5	4.4	10.1	6.5	0.25	0.03	—	5.52

续附表1

饲料种类	干物质 (%)	粗蛋白质 (%)	粗脂肪 (%)	粗纤维 (%)	无氮浸出物 (%)	灰分 (%)	钙 (%)	磷 (%)	铁 (毫克/100克)	代谢能 (兆焦/千克)
青贮马铃薯秧	23.0	2.1	0.6	6.1	8.9	5.3	0.27	0.03	—	3.26
青贮玉米	22.7	1.6	0.6	6.9	11.6	2.0	0.1	0.06	—	3.39
十、块根、块茎、瓜果类										
冬 瓜	3.0	0.4	—	0.4	1.9	0.3	0.02	0.01	—	0.50
木 薯	37.3	1.2	0.3	0.9	34.4	0.5	—	—	—	5.60
西葫芦	5.0	1.1	0.1	—	1.2	0.9	—	—	—	0.79
甜菜 (平均)	15.0	2.0	0.4	1.7	9.1	1.8	0.06	0.04	—	2.55
甘薯 (平均)	25.0	1.0	0.3	0.9	22.0	0.8	0.13	0.05	0.4	4.39
胡萝卜 (红色)	12.0	0.9	0.2	1.1	9.0	0.8	0.06	0.02	1.9	2.05
胡萝卜 (黄色)	10.0	0.9	0.3	0.9	7.1	0.8	0.32	0.03	—	1.76
白萝卜	11.9	1.1	0.1	1.1	8.3	1.4	—	—	—	1.92
红萝卜	7.0	1.3	0.4	0.9	3.4	1.0	0.07	0.04	—	1.21
马铃薯 (平均)	22.0	1.6	0.1	0.7	18.7	0.9	0.02	0.03	1.2	3.85
南瓜 (平均)	10.0	1.0	0.2	1.2	6.9	0.7	0.04	0.02	—	1.76
番 茄	4.0	0.6	0.3	—	2.0	0.4	—	0.04	—	0.54
沙 果	14.0	0.2	0.1	—	15.0	0.2	—	—	—	1.92
苹 果	16.0	0.2	0.1	—	15.0	0.2	—	—	—	2.59

续附表1

饲料种类	干物质 (%)	粗蛋白质 (%)	粗脂肪 (%)	粗纤维 (%)	无氮浸出物 (%)	灰分 (%)	钙 (%)	磷 (%)	铁 (毫克/100克)	代谢能 (兆焦/千克)
茄　子	7.0	2.3	0.1	—	29.0	0.5	—	—	—	5.31
十一、饼粕类饲料										
豆饼 (机榨)	90.6	43.2	5.3	6.3	31.6	5.4	0.32	0.50	—	18.31
豆饼 (浸提)	86.1	43.5	6.9	4.5	—	4.8	0.28	0.57		17.77
豆粕 (浸提)	90.0	47.7	1.0	4.7	30.6	6.0	—	—		17.97
黑豆饼	88.0	39.8	4.9	6.9	29.7	6.7	0.42	0.27	—	17.85
菜子饼 (机榨)	92.2	36.4	7.8	10.7	29.3	8.0	0.73	0.95		18.77
菜子粕 (浸提)	91.2	41.4	1.4	11.8	29.9	6.7	0.79	0.96	—	17.72
棉仁饼 (机榨)	92.2	33.8	6.0	15.1	31.2	6.1	0.31	0.64		18.56
棉仁粕 (浸提)	89.2	32.6	0.6	13.6	36.8	5.6	0.23	0.90	—	16.85
棉籽饼 (土榨)	93.8	21.7	6.8	23.6	37.3	4.4	0.26	0.55		18.52
花生饼 (平均)	90.0	43.9	6.6	5.3	29.1	5.1	0.25	—		—
花生饼	89.0	49.1	7.2	5.3	21.7	5.7	0.30	0.29	—	19.27

173

续附表 1

饲料种类	干物质 (%)	粗蛋 白质 (%)	粗脂肪 (%)	粗纤维 (%)	无氮浸 出物 (%)	灰分 (%)	钙 (%)	磷 (%)	铁 (毫克/ 100 克)	代谢能 (兆焦/ 千克)
玉米胚芽饼 (机榨)	8.0	16.8	4.4	5.5	58.3	6.8	0.04	1.48	—	16.89
十二、糟渣类饲料										
豆腐渣	14.9	5.0	1.8	2.1	5.4	0.6	0.09	—	—	3.22
豆腐渣 (平均)	10.0	2.8	1.2	1.7	3.9	0.4	0.05	0.03	—	2.14
粉渣 (绿豆)	14.1	2.1	0.1	2.8	8.7	0.3	0.06	0.03	—	2.55
粉渣 (豌豆)	15.0	3.5	1.5	2.7	4.1	3.2	0.13	—	—	2.63
粉渣 (甘薯)	15.0	0.6	0.6	1.7	11.1	1.0	0.07	0.01	—	2.63
粉渣 (蚕豆)	15.0	2.2	0.1	4.8	7.5	0.4	0.07	0.03	—	2.72
粉渣 (玉米)	15.0	1.8	0.7	1.4	10.7	0.4	0.02	0.02	—	2.84
粉渣 (马铃薯)	15.0	1.0	0.4	1.3	11.7	0.6	0.06	0.04	—	2.68
十三、矿物质饲料										
贝壳粉	—	—	—	—	—		32.6	—	—	—
蛋壳粉	—	—	—	—	—		37.6	0.15	—	—
骨 粉	—	—	—	—	—		30.12	3.46	—	—
磷酸钙	—	—	—	—	—		27.91	14.38	—	—
磷酸氢钙	—	—	—	—	—		23.10	18.70	—	—
石 粉	—	—	—	—	—		35	—	—	—
碳酸钙	—	—	—	—	—		40.0	—	—	—

附　录

附表 2　水貂常用药物

药物名称	剂　型	用法与用量	作用与用途
1. 抗菌消炎药			
青霉素 G（钠或钾）	粉针剂:40万/支,80万/支,160万/支	肌内、皮下或静脉注射,2万～4万单位/千克体重,每日 2～3 次	抑制或杀灭革兰氏阳性细菌
氨苄青霉素（氨苄西林）	粉针剂:0.5克/支	肌内、静脉注射,10～20 毫克/千克体重,每日 2～3 次	广谱抗菌,但对绿脓杆菌、肺炎杆菌无效
羧氨苄青霉素（阿莫西林）	粉剂	11～22 毫克/千克体重,口服,每日 1 次	同上
甲氧苯青霉素（新青霉素Ⅰ）	粉针剂	肌内注射,5～10 毫克/千克体重,每日 3 次	主要用于耐药性金黄色葡萄球菌引起的感染
苯唑青霉素（新青霉素Ⅱ）	胶囊:0.25克	内服,30～40 毫克/千克体重	用于耐药性金黄色葡萄球菌,或与链球菌共同引起的混合感染
	粉针剂:0.5克	肌内注射,15～20 毫克/千克体重,每日 2～4 次	
乙氧萘青霉素（新青霉素Ⅲ）	粉针剂:0.5克	肌内、静脉注射,10～20 毫克/千克体重,每日 2～3 次	用于耐药性金黄色葡萄球菌引起的呼吸道及泌尿系统感染
拜有利	针剂	肌内注射,0.05 毫升/千克体重,每日 1 次,连用 3 天	革兰氏阴性、阳性细菌及支原体感染

续附表 2

药物名称	剂　型	用法与用量	作用与用途
硫酸链霉素	粉针剂:1 克	肌内注射,10～20毫克/千克体重,每日2 次	主要抗革兰氏阴性细菌及结核分枝杆菌,对多数革兰氏阳性菌无效
硫酸双氢链霉素	粉针剂:1 克	肌内注射,10～20毫克/千克体重,每日2次	同上
硫酸新霉素	片剂:0.1 克粉针剂:1 克	内服、肌内注射,5～10 毫克/千克体重,每日 2 次	广谱抗菌杀菌,对真菌、病毒无效
硫酸卡那霉素	针剂:2 毫升,0.5 克	肌内注射,5～10 毫克/千克体重,每日 3次	广谱抗菌,但主要用于大肠杆菌、沙门氏菌、巴氏杆菌感染
硫酸庆大霉素	针剂:8 万单位	肌内注射,1 万单位/千克体重,每日1 次	抗菌谱广,但不用于静脉注射
大观霉素	针剂:每毫升含 100 毫克	肌内注射,5.5～11毫克/千克体重,每日1次	广谱抗菌,对支原体也有效
土霉素	片剂:0.1 克粉剂:0.5 克	内服或肌内注射,20～40毫克/千克体重,每日2～3 次	广谱抗菌杀菌
金霉素	片剂:0.25克	内服,20～40毫克/千克体重,每日 2～3次	同上
四环素	片剂:0.25克粉针剂:0.25克	内服或肌内注射,20～40 毫克/千克体重,每日2～3 次	同上

续附表 2

药物名称	剂　型	用法与用量	作用与用途
多西环素	片剂:0.1克 粉针剂:0.1克	内服或肌内注射,10～20毫克/千克体重,每日2次,效果好	抗菌谱同土霉素,但作用更强
林可霉素	片剂:0.25克 粉针剂:0.6克	内服或肌内注射,11～22毫克/千克体重,每日2次	主要对革兰氏阳性菌有效
克林霉素	片剂:0.15克 粉针剂:0.15克	内服或肌内注射,11～22毫克/千克体重,每日2次	同林可霉素
红霉素	片剂:0.1克 粉针剂:0.25克	内服或肌内注射,5～10毫克/千克体重,每日2次	主要对革兰氏阳性菌有效
北里霉素	片剂:0.1克 粉针剂:0.2克	内服或肌内注射,10～20毫克/千克体重,每日2次	抗菌谱广,但主要对革兰氏阳性菌效果好
泰乐菌素	针剂	肌内注射,5～10毫克/千克体重,每日2次	类似于北里霉素,但对支原体有特效
螺旋霉素	针剂	肌内或皮下注射,10～20毫克/千克体重,每日1次	同泰乐菌素
多黏菌素B	片剂:25毫克 粉针剂,50毫克	内服或皮下注射,5～10毫克/千克体重,每日2次	主要用于革兰氏阴性菌感染
灰黄霉素	片剂:0.1克	内服,20毫克/千克体重,每日分2～3次服用,连用30天	主要用于浅部皮肤真菌感染
两性霉素B	粉针剂:50毫克	静脉注射,4毫克/千克体重,每2日1次	主要用于全身性深部真菌感染

续附表 2

药物名称	剂　型	用法与用量	作用与用途
克霉唑	片剂:0.5克 软膏:5%	内服 外用	主要用于皮肤癣,作用同灰黄霉素
制霉菌素	片剂:25万单位	内服,1万～2万单位/千克体重,每日3次	主要用于肠管真菌性感染
诺氟沙星 (氟哌酸)	粉剂	内服,5毫克/千克体重,每日3次	广谱抗菌,对革兰氏阴性菌作用强
恩诺沙星	粉剂、针剂:2.5%	内服或肌内、静脉注射,2.5～5毫克/千克体重,每日2次	广谱抗菌药物
磺胺噻唑	片剂:0.5克 针剂:1克	内服,首次量0.2克/千克体重,维持量0.1克/千克体重,每日2次 静脉注射,首次量0.14克/千克体重,维持量0.07克/千克体重,每日2次	广谱抑菌
磺胺嘧啶	片剂:0.5克 针剂:1克	同上	广谱抑菌。为减少副作用,内服时配等量的碳酸氢钠
复方新诺明	片剂:0.5克 针剂:2毫升	片剂内服;针剂肌内注射,20～40毫克/千克体重,每日2次	同上

续附表 2

药物名称	剂　型	用法与用量	作用与用途
磺胺二甲嘧啶	片剂：0.5克 针剂：0.4克	片剂内服；针剂肌内、静脉注射，0.07～0.14毫克/千克体重，每日2次	同上
磺胺脒（胍）	片剂：0.5克	内服，0.2克/千克体重，每日2次	主要用于肠炎、腹泻等消化道感染
磺胺结晶	粉剂	外用	主要用于防治外伤感染
二甲氧苄氨嘧啶	片剂：0.1克	内服，5～10毫克/千克体重，每日2次	单独使用易产生耐药性，主要与其他抗菌药合用
复方敌菌净	片剂：0.1克	内服，20～30毫克/千克体重，每日2次	主要用于肠管细菌感染
病毒灵 （吗啉胍）	片剂：0.1克	内服，每次0.1克，每日2次	可用于流感、腮腺炎、水痘、疱疹、麻疹等，可抑制部分病毒
2. 抗寄生虫药			
左旋咪唑	片剂：25毫克 针剂：0.1克/2毫升	内服，10～20毫克/千克体重 肌内注射，5～10毫克/千克体重	广谱驱虫药，对多种线虫有效
噻苯咪唑	片剂：0.25克	内服，50毫克/千克体重	广谱、高效、低毒驱虫药
丙硫苯咪唑 （抗蠕敏）	片剂50毫克	内服，10～20毫克/千克体重	广谱驱虫药，可驱多种线虫、绦虫
哈乐松	粉剂	内服，50毫克/千克体重	有机磷驱虫剂，可驱蛔虫、钩虫、蛲虫等

续附表 2

药物名称	剂 型	用法与用量	作用与用途
敌百虫	片剂：0.5 克	内服，75 毫克/千克体重	同上
阿维菌素	油剂：1%	皮下、肌内注射，0.04 毫升/千克体重	高效、广谱驱线虫及体外寄生虫，但对绦虫、吸虫无效
伊维菌素	注射液：1%	皮下、肌内注射：0.04 毫升/千克体重	同灭虫丁
氰乙酰肼	注射液：10%	皮下注射，15 毫升/千克体重	驱除肺线虫，有一定毒性
灭绦灵	片剂	内服，100 毫克/千克体重	驱除绦虫、吸虫等
己胺嗪	粉剂	内服，60 毫克/千克体重	驱除肺丝虫、心丝虫等
碘化噻氰胺	粉剂	内服，6.6～11 毫克/千克体重，连用 7 天	驱心丝虫及肠道线虫
吡喹酮	粉剂	内服，2.55 毫克/千克体重	驱绦虫及吸虫
槟 榔	—	内服，20～30 克/次·只	驱绦虫
南瓜子	—	内服，200～300 克/次·只	驱绦虫
硫双二氯酚（别丁）	粉剂	内服，0.2 克/千克体重	驱杀吸虫
六氯乙烷（吸虫灵）	粉剂	内服，0.2 克/千克体重	驱杀吸虫

续附表 2

药物名称	剂　型	用法与用量	作用与用途
硫酸喹啉脲	针剂：10 毫升(0.1 克)	皮下注射，0.25 毫克/千克体重	抗焦虫药
灭滴灵（甲硝唑）	针剂	静脉注射，10 毫克/千克体重	驱除滴虫
	片剂	内服，20 毫克/千克体重	
阿的平	粉剂	内服，50～100 毫克/千克体重，每日 2 次	驱疟原虫药
3. 麻醉、镇静药			
乙　醚	液　体	吸入麻醉 0.5～4 毫升	全身麻醉
氯丙嗪	片剂	内服，3 毫克/千克体重	用于镇静，解除平滑肌痉挛
	针剂	肌内注射，1.1～6.6 毫克/千克体重	
静松灵	针剂：2%	肌内注射，1.5～2 毫克/千克体重	使骨骼肌松弛，用于保定
速眠新	针剂	肌内注射，0.04～0.05 毫升/千克体重	使骨骼肌松弛，用于保定
安　定	片剂	内服，5.5 毫克/千克体重	有镇静、催眠、抗惊厥作用
	针剂	肌内注射，2.5～20 毫克/次·只	
利眠宁	片剂	内服，3～7 毫克/千克体重	同上，但作用稍弱
	针剂	肌内注射，2～4 毫克/千克体重	
扑痫酮	片剂	内服，55 毫克/千克体重	有镇静、抗癫痫作用

续附表 2

药物名称	剂 型	用法与用量	作用与用途
氯胺酮	针剂	静脉注射，5～7毫克/千克体重	用于保定、麻醉
龙 朋	针剂	静脉注射，0.5～1毫克/千克体重	安定、镇痛、肌肉松弛
普鲁卡因	粉剂	滴于黏膜表面3%～5%；浸润麻醉，0.5%；传导麻醉，2%～5%；封闭疗法，0.5%	表面麻醉、局部浸润麻醉、神经干麻醉，用于消除患部疼痛
丁卡因	针剂	表面麻醉0.5%～1%	表面麻醉
可卡因	针剂	表面麻醉1%～5%	表面麻醉
利多卡因	针剂	同普鲁卡因	同普鲁卡因
4.中枢神经兴奋药			
安钠咖	针剂：20%	皮下、肌内、静脉注射，0.024～0.048毫升/千克体重	强心、利尿、兴奋大脑皮层
氨茶碱	针剂：25% 片剂：0.1克	肌内、静脉注射，2～4毫克/千克体重 内服，3～5毫克/千克体重	松弛支气管、胆管、血管平滑肌，用于哮喘、胆管绞痛、心绞痛，也可用于强心利尿
樟脑磺酸钠	针剂：10%	皮下、肌内、静脉注射，每次每只0.05～0.1克	对呼吸中枢、血管运动中枢、心脏等有兴奋作用
尼可刹米	针剂：25%	皮下、肌内、静脉注射，每次每只0.1～0.5克	兴奋呼吸中枢，用于呼吸中枢抑制
戊四氮	针剂：10%	皮下、肌内、静脉注射，每次每只0.02～0.1克	同上

续附表 2

药物名称	剂　型	用法与用量	作用与用途
5.解热、镇痛、抗风湿药			
士的宁	针剂:1毫升(2毫克)	皮下注射,每次每只0.2~0.6毫克	兴奋脊髓,进而兴奋骨骼肌、延髓的呼吸中枢和血管运动中枢
复方氨基比林	针剂:10%	皮下、肌内注射,每次每只0.5~1毫升	解热、镇痛、消炎、抗风湿
安乃近	针剂:30%	皮下、肌内注射,每次每只0.3~0.6克	解热、镇痛、消炎、抗风湿,解热作用较强
保泰松	片剂:0.1克	内服,每次20毫克/千克体重	解热、镇痛、消炎、抗风湿,主要用于抗风湿
水杨酸钠	针剂:10%	静脉注射,每次每只0.1~0.5克	解热、镇痛、消炎、抗风湿,主要用于抗风湿
阿司匹林	片剂:0.3克	内服,每次每只0.2~1.0克	有较强的解热、镇痛、抗风湿作用
萘普生(消痛灵)	片剂:0.25克	内服,首次量5毫克/千克体重;维持量1.2~1.8毫克/千克体重	消炎、镇痛、解热
吲哚美辛(消炎痛)	片剂:25毫克	内服,2毫克/千克体重	消炎、镇痛、解热
6.作用于心血管系统药			
黄夹苷(强心灵)	针剂	静脉注射,每次每只0.88~0.18毫克	强心作用迅速,用于心力衰竭

续附表 2

药物名称	剂 型	用法与用量	作用与用途
洋地黄毒苷	粉剂 针剂	内服,0.033~0.11毫克/千克体重,分两次用 静脉注射,全效量为0.006~0.012毫克/千克体重,维持量为全效量的1/10	加强心肌收缩力,用于强心
盐酸肾上腺素	针剂	皮下、肌内注射,每次每只0.1~0.5毫升	用于心脏骤停、过敏性休克、局部止血
麻黄碱	片剂:25毫克针剂	片剂内服;针剂肌内注射,每次每只10~30毫克	治疗支气管哮喘,消除黏膜充血
多巴胺	针剂	静脉注射,每次每只200毫克	用于各种类型的休克,尤其是伴有肾功能不全、心输出量降低的休克

7. 作用于呼吸系统药

药物名称	剂 型	用法与用量	作用与用途
氯化铵	片剂:0.3克	内服,100毫克/千克体重	祛痰、利尿
喷托维林	片剂:25毫克	内服,每次每只0.05克	镇咳
可待因	片剂:30毫克	内服,每次每只5毫克	镇咳、镇静、镇痛

8. 作用于消化系统药

药物名称	剂 型	用法与用量	作用与用途
小苏打	片剂:0.3克 针剂:5%	片剂内服;针剂静脉注射,每次每只0.2~0.5克	健胃、缓解酸中毒
干酵母	片剂:0.3克	内服,每次每只1~2片	助消化、补充维生素

附　　录

续附表 2

药物名称	剂型	用法与用量	作用与用途
乳酸菌素	片剂：0.5克	内服，每次每只1～2片	助消化、止酵
矽炭银	片剂	水貂0.1～0.5克	吸附收敛，用于消化不良、腹泻
胃长宁	针剂	肌内注射，0.01毫克/千克体重	抑制平滑肌收缩及胃酸分泌
胃复安	针剂	肌内注射，0.01毫克/千克体重	止吐
阿托品	针剂	肌内注射，0.04毫克/千克体重	抑制平滑肌痉挛
新斯的明	针剂	肌内注射，1毫克/千克体重	促进平滑肌蠕动
液状石蜡	油剂	内服，每次每只10～30毫升	缓泻，软化粪便
植物油	油剂	同液状石蜡	同上
鞣酸	粉剂	内服，每次每只1～2克	收敛、止泻
白陶土	粉剂	内服，每次每只5～10克	吸附、止泻
活性炭	粉剂	内服，每次每只5～10克	吸附、止泻
止泻宁	片剂	内服，每次每只2.5毫克	止泻
硫酸钠	粉剂	内服，0.2～0.4克/千克体重	催泻

续附表2

药物名称	剂 型	用法与用量	作用与用途
阿扑吗啡	粉针	静脉注射,0.04毫克/千克体重	催吐

9. 作用于泌尿系统药

药物名称	剂 型	用法与用量	作用与用途
氢氯噻嗪(双氢克尿塞)	针剂	静脉、肌内注射,每次每只10～20毫克	利尿,用于各种水肿
速尿(呋喃苯胺酚)	针剂	静脉注射,2～4毫克/千克体重	利尿、消炎
氯噻酮	片剂	内服,每次每只5～10毫克	利尿
汞撒利	针剂	肌内注射,每次每只5～10毫克	利尿
乌洛托品	针剂	静脉注射,每次每只0.1～1克	利尿、消炎
甘露醇	针剂:20%	静脉注射,每次每只10～50毫升	脱水、利尿
山梨醇	针剂25%	静脉:注射,每次每只10～50毫升	脱水、利尿

10. 作用于生殖系统药

药物名称	剂 型	用法与用量	作用与用途
催产素	针剂	肌内注射,2～10单位	促进子宫收缩、止血,排出死胎
垂体后叶素	针剂	肌内注射,0.2～0.5毫升	同上
麦角新碱	针剂	肌内注射,0.5～1毫升	促进子宫收缩,用于产后出血

续附表 2

药物名称	剂 型	用法与用量	作用与用途
黄体酮	针剂	肌内注射,貂0.5~1毫升	治疗先兆性和习惯性流产
甲基睾丸酮	片剂:5毫克	内服,0.5~1毫克	用于公貂催情
绒毛膜促性腺激素	粉针剂	肌内注射,每次每只100~500单位	促进母貂排卵,提高受胎率
11. 抗过敏药			
异丙嗪	片剂 针剂	内服,每次每只50~200毫克 肌内注射,每次每只25~100毫升	抗过敏
吡甲胺（扑敏宁）	片剂 针剂	片剂内服;针剂肌内注射,1毫克/千克体重	抗过敏
吡拉敏（新安替根）	片剂 针剂	片剂内服;针剂肌内注射,5~10毫克/千克体重	抗过敏
苯海拉明（乘晕宁）	片剂 针剂	片剂内服;针剂肌内注射,1毫克/千克体重	治疗因运输而造成的呕吐、眩晕
12. 消毒防腐药			
苯酚（石炭酸）	结晶,500克/瓶	环境消毒2%~5%,皮肤止痒,1%	杀灭细菌、真菌及某些病毒
煤酚皂（来苏儿）	溶液:500毫升/瓶	环境消毒,5%;手部、器械消毒1%~2%	作用比苯酚大3倍,毒性比苯酚小
松馏油	液体:500毫升/瓶	外用,2%~5%	防腐、杀虫,刺激感觉神经末梢

续附表 2

药物名称	剂　型	用法与用量	作用与用途
鱼石脂	液体；500毫升/瓶软膏	外用，30%～50%	消炎、消肿、促进肉芽生长
乙　醇	溶液	外用，70%～75%	用于皮肤、针头及器械的消毒
甲　醛	溶液	熏蒸消毒；喷雾消毒，4%～8%	杀菌力强，对芽胞、真菌、病毒也有效
露它净	溶液	外用，36%	外用防腐消毒药
氢氧化钠（苛性钠）	结晶	环境消毒，3%～5%	能杀灭细菌、芽胞、病毒、虫卵
氧化钙（生石灰）	硬块	环境消毒，10%～20%（石灰乳）	杀灭细菌
硼　酸	无色结晶或白色粉末	冲洗眼、口腔，2%～4%，冲洗创伤 3%～5%	抑制细菌生长，刺激性小
过氧化氢（双氧水）	溶液	冲洗化脓创面，1%～3%；冲洗口腔 0.3%～1%	用于清洗消毒创面
高锰酸钾	结晶	冲洗黏膜、创伤、溃疡，1%	抗菌、除臭、收敛
过氧乙酸	液体	熏蒸；喷雾消毒笼舍5%	杀灭细菌、芽胞、真菌及病毒
漂白粉	粉剂	消毒笼舍 5%～20%，消毒饮水，每1000毫升饮水加0.3～1.5克	同上

续附表 2

药物名称	剂 型	用法与用量	作用与用途
龙胆紫（甲紫）	粉剂	外伤消毒，1%～3%	抑制革兰氏阳性菌、真菌
硫柳汞	粉剂	0.1%溶液用于皮肤消毒，0.02%溶液用于黏膜消毒	抑制细菌、真菌
新洁尔灭	液体	皮肤、器械消毒，0.1%；黏膜消毒，0.01%	杀死细菌，但对真菌、芽胞无效，对病毒的作用也弱

13. 特效解毒药

药物名称	剂 型	用法与用量	作用与用途
碘解磷定	针剂	静脉注射，20毫克/千克体重	用于有机磷中毒，常配合阿托品使用
氯解磷定	针剂	静脉注射，20毫克/千克体重	同上
双复磷	针剂	静脉注射，20毫克/千克体重	同上
二巯基丙醇	针剂	静脉注射，4毫克/千克体重	用于砷、汞、锑等重金属盐中毒
依地酸钙钠	针剂	静脉注射，20毫克/千克体重	用于铅等重金属盐中毒
亚硝酸钠	针剂	静脉注射，20毫克/千克体重	用于氰化物中毒
硫代硫酸钠（大苏打）	针剂	静脉注射，20毫克/千克体重	用于氰化物中毒及重金属盐中毒
美蓝	针剂	静脉注射，1毫克/千克体重或10毫克/千克体重	小剂量时可解亚硝酸盐中毒，大剂量时可解氰化物中毒
解氟灵（乙酰胺）	针剂	肌内注射，0.1毫克/千克体重	用于有机氟中毒

参考文献

[1] 关中湘,王树志,陈启仁.毛皮动物疾病学[M].北京:农业出版社,1982.

[2] 东北林业大学.毛皮动物饲养学[M].北京:中国林业出版社,1988.

[3] 佟煜仁,钱国成,中国毛皮兽饲养技术大全[M].北京:中国农业出版社,1998.

[4] 华玉平.野生动物传染病检疫学[M].北京:中国林业出版社,1999.

[5] 赵广英.野生动物流行病学[M].哈尔滨:东北林业大学出版社,2000.

[6] 程世鹏,单慧.特种经济动物常用数据手册[M].沈阳:辽宁科学技术出版社,2000.

[7] 马泽芳,刘伟石,周宏力,等.野生动物驯养学[M].哈尔滨:东北林业大学出版社,2004.

[8] 张志明.实用水貂养殖技术[M].北京:金盾出版社,2005.

[9] 钱国成,魏海军,刘晓颖.新编毛皮动物疾病防治[M].北京:金盾出版社,2006.

[10] 佟煜仁,籍玉林.毛皮兽养殖技术问答[M].北京:金盾出版社,2006.

[11] 王春璇.毛皮动物养殖与疾病防治[M].北京:科学普及出版社,2007.

[12] 李忠宽,魏海军,程世鹏.水貂养殖技术[M].北京:金盾出版社,2007.

[13] 佟煜仁,谭书岩.图说高效养水貂关键技术[M].北京:金盾出版社,2007.

[14] 闫新华,程世鹏,闫喜军.毛皮动物疾病诊疗原色图谱[M].北京:中国农业出版社,2008.

[15] 佟煜仁.毛皮动物饲养员培训教材[M].北京:金盾出版社,2008.